Материалы II международной научно-практической конференции

Наука в современном информационном обществе

7-8 ноября 2013 г.

Москва

УДК 4+37+51+53+54+55+57+91+61+159.9+316+62+101+330

ББК 72

ISBN: 978-1493779888

В сборнике представлены материалы докладов II международной научно-практической конференции   " Наука в современном информационном обществе "

Все статьи представлены в авторской редакции.

© Авторы научных статей

Содержание

Архитектура

Перевозкин Ю.М., Романова А.А.
ГЕОМЕТРИЧЕСКОЕ ПРОЕКТИРОВАНИЕ НЕКОТОРЫХ АРХИТЕКТУРНЫХ ОБОЛОЧЕК 1

Биологические науки

Мокрецова И.М., Богачева Н.В., Дармов И.В.
ПЕРСПЕКТИВЫ СОВЕРШЕНСТВОВАНИЯ МЕТОДОВ ИММУНОДИАГНОСТИКИ ХЕЛИКОБАКТЕРИОЗА.. 5

Ветеринарные науки

Красникова Е.С., Красников А.В.
КОМПЛЕКСНЫЙ ПОДХОД И ОПТИМИЗАЦИЯ ДИАГНОСТИЧЕСКИХ МЕРОПРИЯТИЙ ПРИ FIV-ИНФЕКЦИ 9

Геолого-минералогические науки

Астахова И.С., Иевлев А.А.
ЭКСПЕДИЦИОННЫЕ ИССЛЕДОВАНИЯ ИНСТИТУТА ГЕОЛОГИИ КОМИ НАУЧНОГО ЦЕНТРА УРАЛЬСКОГО ОТДЕЛЕНИЯ РАН.. 12

Коломиец В.Л.
НИЗКИЙ ТЕРРАСОВЫЙ КОМПЛЕКС СЕЛЕНГИНО-ИТАНЦИНСКОЙ ВПАДИНЫ 19

Искусствоведение

Меделец Н.А.
ТЕХНОЛОГИЧЕСКИЙ АСПЕКТ ФОРМООБРАЗОВАНИЯ С УЧЕТОМ РЕМОНТОПРИГОДНОСТИ И ВТОРИЧНОГО ИСПОЛЬЗОВАНИЯ ЭЛЕМЕНТОВ, УЗЛОВ И АГРЕГАТОВ ЛЕГКОВОГО АВТОМОБИЛЯ.. 22

Исторические науки

Веселов С.И., Труфанова Ж.Н.
ИСТОРИЯ ИЗУЧЕНИЯ СОЦИАЛЬНОЙ СТРУКТУРЫ ХАНТЫЙСКОГО ОБЩЕСТВА ПО МАТЕРИАЛАМ ГЕРОИЧЕСКИХ СКАЗАНИЙ В РОССИЙСКОЙ И ЗАРУБЕЖНОЙ ЛИТЕРАТУРЕ 25

Медицинские науки

Лозбина Н.В., Лазаренко В.И., Степанова З.П.
СТРУКТУРА И ИСХОДЫ РОГОВИЧНЫХ РАНЕНИЙ В АЛТАЙСКОМ КРАЕ.............................29

Содержание

Аветиков Д.С., Ставицкий С.А., Яценко И.В., Локес Е.П., Данильченко С.И.
КЛИНИКО-МОРФОЛОГИЧЕСКОЕ ОБОСНОВАНИЕ СОВРЕМЕННЫХ МЕТОДОВ РИНОПЛАСТИКИ С ИСПОЛЬЗОВАНИЕМ МЕСТНЫХ ТКАНЕЙ 32

Досаев Т.М., Байгамысова Д.С., Балапанова А.А.
СРАВНИТЕЛЬНАЯ МИКРОАНАТОМИЯ НОРМАЛЬНОЙ СЕЛЕЗЕНКИЧЕЛОВЕКА И КРЫСЫ 36

Имашев М.С., Фурсов А.Б.
КРИТЕРИИ ЭФФЕКТИВНОСТИ ЭНДОСКОПИЧЕСКОГО ЛЕЧЕНИЯ ЭРОЗИВНО-ЯЗВЕННОЙ ПАТОЛОГИИ ЖЕЛУДОЧНО-КИШЕЧНОГО ТРАКТА 39

Шайзадина Ф.М., Пак А.С., Алышева Н.О., Бейсекова М.М., Мендибай С.Т., Абуова Г.Т., Кутышева А.Т., Молдакулов Б.Т.
СТРУКТУРА ГНОЙНЫХ ВОСПАЛИТЕЛЬНЫХ ЗАБОЛЕВАНИЙ 42

Борисенко А.В., Мялковский К.О.
РАСПРОСТРАНЕННОСТЬ ЗАБОЛЕВАНИЙ МАРГИНАЛЬНОГО ПАРОДОНТА У ЛИЦ МОЛОДОГО ВОЗРАСТА 46

Вязьмин А.Я., Клюшников О.В., Подкорытов Ю.М.
ЦЕЛЬНОКЕРАМИЧЕСКИЕ КОНСТРУКЦИИ: РАЗНООБРАЗИЕ, ВОЗМОЖНОСТИ И ПРЕИМУЩЕСТВА 48

Клюшникова М.О., Клюшникова О.Н.
К ВОПРОСУ О АНТИБАКТЕРИАЛЬНОЙ ТЕРАПИИ ВОСПАЛИТЕЛЬНЫХ ЗАБОЛЕВАНИЙ ПАРОДОНТА 53

Мазур А.Г., Ткаченко М.Н., Миронова О.В., Горяинова Н.В.
ЗНАЧЕНИЕ β-2 МИКРОГЛОБУЛИНА И ТИМИДИНКИНАЗЫ В ПРОГНОЗИРОВАНИИ ТЕЧЕНИЯ ОСТРОЙ ЛИМФОБЛАСТНОЙ ЛЕЙКЕМИИ И ХРОНИЧЕСКОГО ЛИМФОЛЕЙКОЗА 55

Науки о земле

Игнатьев Н.А.
ИССЛЕДОВАНИЕ ПРОДУКТИВНОСТИ СКВАЖИН С РАЗЛИЧНЫМИ КОНСТРУКЦИЯМИ ЗАБОЕВ НА ГАЗОКОНДЕНСАТНОЙ ЗАЛЕЖИ ПЛАСТА АЧ$_5^{2-3}$ ВТОРОГО ОПЫТНОГО УЧАСТКА УРЕНГОЙСКОГО НГКМ 61

Педагогические науки

Шевченко Е.В.
О ВОЗМОЖНОСТИ ПРИМЕНЕНИЯ ИНФОРМАЦИОННЫХ ТЕХНОЛОГИЙ В ОБУЧЕНИИ ДЕТЕЙ С НАРУШЕНИЯМИ РАЗВИТИЯ 66

Дроздова А.А., Кобякова М.А.
ОСОБЕННОСТИ ИНФОРМАЦИОННО-ОБРАЗОВАТЕЛЬНОЙ СРЕДЫ ОБУЧЕНИЯ ПРИ ПОДГОТОВКЕ БАКАЛАВРОВ ПЕДАГОГИЧЕСКОГО ОБРАЗОВАНИЯ 69

Содержание

Миннуллин Р.Р., Бахтиярова Ю.В., Гиниятова А.Р.
ПОДГОТОВКА УЧАЩИХСЯ 8-Х КЛАССОВ К ШКОЛЬНОМУ ЭТАПУ ОЛИМПИАДЫ ПО ХИМИИ 72

Бахтиярова Ю.В., Миннуллин Р.Р., Рахманова А.Р.
КОМПЕТЕНТНОСТНЫЙ ПОДХОД В ХИМИИ 75

Чалдышкина Н.Н., Лоскутова Р.Р.
НАУЧНО-ПРАКТИЧЕСКИЕ ПОДХОДЫ К ОРГАНИЗАЦИИ ДУХОВНО-НРАВСТВЕННОГО ВОСПИТАНИЯ СТУДЕНЧЕСКОЙ МОЛОДЕЖИ В ВУЗЕ 78

Гранкин В.Е.
СТРУКТУРА РАЗДЕЛОВ ОБУЧЕНИЯ, НАПРАВЛЕННЫХ НА ФОРМИРОВАНИЕ КОМПЕТЕНЦИЙ ПО ПРОВЕДЕНИЮ ПЕДАГОГИЧЕСКОГО ИССЛЕДОВАНИЯ МАТЕМАТИКО-СТАТИСТИЧЕСКИМИ МЕТОДАМИ С ИСПОЛЬЗОВАНИЕМ ИНФОРМАЦИОННЫХ ТЕХНОЛОГИЙ У БАКАЛАВРОВ НАПРАВЛЕНИЯ ПОДГОТОВКИ ПЕДАГОГИЧЕСКОЕ ОБРАЗОВАНИЕ 82

Колесник И. А.
ТЕНДЕНЦИИ РАЗВИТИЯ ОБРАЗОВАНИЯ В ЗАПАДНОЙ ЕВРОПЕ И США В ПЕРИОД ВТОРОЙ ПОЛОВИНЫ XIX ВЕКА 84

Токарева Е.А.
СКАЗКОТЕРАПИЯ КАК СРЕДСТВО ФОРМИРОВАНИЯ КОММУНИКАТИВНОЙ КУЛЬТУРЫ СТУДЕНТА 87

Винарчик М.П.
ОСОБЕННОСТИ БИЛИНГВАЛЬНОГО УЧЕБНОГО ПРОЦЕССА ВО ФРАНЦИИ 90

Политические науки

Шевчук А.В.
КНР В СИСТЕМЕ НАЦИОНАЛЬНЫХ ИНТЕРЕСОВ США 93

Психологические науки

Соболева А.А., Медведева Е.Ю.
ПСИХОЛОГО-ПЕДАГОГИЧЕСКОЕ СОПРОВОЖДЕНИЕ ДЕТЕЙ ДОШКОЛЬНОГО ВОЗРАСТА С РЕЧЕВОЙ ПАТОЛОГИЕЙ 96

Сельскохозяйственные науки

Хоконова М.Б.
СОЛОДОВЕННОЕ ПРОИЗВОДСТВО В КБР 100

Социологические науки

Апанасенко О.Н.
ПАТРИОТИЗМ В СИСТЕМЕ ЦЕННОСТЕЙ РОССИЙСКОЙ МОЛОДЕЖИ 105

Морозова А.С.
ЦЕННОСТИ ЧЕЛОВЕКА В КОНТЕКСТЕ МЫСЛЕЙ О СМЕРТИ 108

Содержание

Технические науки

Ярулин Д.Е., Сапельников В.М., Хакимьянов М.И.
АНАЛИЗ НЕСИНУСОИДАЛЬНОСТИ ВЫХОДНОГО НАПРЯЖЕНИЯ В МНОГОУРОВНЕВЫХ ПРЕОБРАЗОВАТЕЛЯХ ЧАСТОТЫ 111

Зубрицкас И.И.
СИСТЕМА УПРАВЛЕНИЯ ТЕХНИЧЕСКИМ СОСТОЯНИЕМ АВТОМОБИЛЕЙ. АНАЛИЗ СОСТОЯНИЯ ВОПРОСА 115

Зубрицкас И.И.
ОСНОВНЫЕ ПРИНЦИПЫ СОЗДАНИЯ АДАПТИВНОЙ СИСТЕМЫ УПРАВЛЕНИЯ ТЕХНИЧЕСКИМ СОСТОЯНИЕМ АВТОМОБИЛЕЙ 119

Исаков Г.Н., Манаева А.Р.
АНАЛИЗ ПРОЦЕССОВ ДЫМООБРАЗОВАНИЯ НАПОЛЬНЫХ ПОКРЫТИЙ НА ОСНОВЕ ПОЛИВИНИЛХЛОРИДА ПРИ ПОЖАРЕ 123

Радюхина Г.В.
ПОВЫШЕНИЕ ЭФФЕКТИВНОСТИ РАБОТЫ ГИБКИХ ПРОИЗВОДСТВЕННЫХ СИСТЕМ НА ПРИМЕРЕ ШВЕЙНЫХ ПРЕДПРИЯТИЙ 126

Хведчук В.И., Кузьмицкий Н.И., Лаппо В.М.
ОБ ЭФФЕКТИВНОМ ИСПОЛЬЗОВАНИИ КОМПЬЮТЕРНОЙ ТЕХНИКИ В УЧЕБНОЙ И НАУЧНО-ИССЛЕДОВАТЕЛЬСКОЙ ДЕЯТЕЛЬНОСТИ ВУЗа 129

Чикова А.А., Макаров А.М.
АДАПТИВНЫЙ ОРТОПЕДИЧЕСКИЙ МАТРАС 132

Antonov V.V., Navalikhina N.D., Shilina M.A.
THE SET-THEORETIC MODEL OF THE FORMALIZED TRANSFER PROCESS OF GOVERNMENT SERVICES TO ELECTRONIC FORM 135

Амосов Е.А., Хисамутдинова А.В.
НАГЛЯДНАЯ МОДЕЛЬ ПРОТЕКАНИЯ СВС РЕАКЦИИ 141

Афанасьева И.А., Вакуленко Е.Е., Доля В.К.
РЕКОМЕНДАЦИИ ПО ИССЛЕДОВАНИЮ ВЛИЯНИЯ ИНФОРМАЦИОННЫХ ПОТОКОВ НА РЕЗУЛЬТАТЫ ДЕЯТЕЛЬНОСТИ ОПЕРАТОРА 144

Лежнева Е.И.
ЭФФЕКТИВНОСТЬ СКОРОСТНЫХ ВИДОВ ОБЩЕСТВЕННОГО ТРАНСПОРТА В КРУПНЕЙШИХ ГОРОДАХ 148

Софронов Д.А., Романов П.Г., Захаров А.Е.
ОСНОВНЫЕ ПРИНЦИПЫ ВОЗВЕДЕНИЯ ФУНДАМЕНТОВ И ОСНОВАНИЙ НА ТЕРРИТОРИИ ЯКУТИИ 152

Содержание

Астапенко А.М.
РАЗРАБОТКА ОЗОНАТОРА-НЕЙТРАЛИЗАТОРА ВЫХЛОПНЫХ ГАЗОВ ДВИГАТЕЛЯ ВНУТРЕННЕГО СГОРАНИЯ 156

Валиев М.Р., Валиев Р.Р., Ахметшин Р.С.
УСТРОЙСТВО СЕЙСМОУСТОЙЧИВОЙ УСТАНОВКИ РАЗРЯДНИКА 160

Фармацевтические науки

Мироманова Е.В., Геллер Л.Н., Охремчук Л.В.
МАРКЕТИНГОВЫЙ АНАЛИЗ АНТИМИКРОБНОЙ ТЕРАПИИ У ДЕТЕЙ НА АМБУЛАТОРНОМ ЭТАПЕ 163

Филологические науки

Аверьянова Н.А.
АСПЕКТУАЛЬНАЯ СИТУАЦИЯ КАК ИНСТРУМЕНТ АНАЛИЗА ХУДОЖЕСТВЕННОГО ТЕКСТА 171

Levina O.I.
THE LEXICAL DIFFERENCE IN THE NAMES OF THE MEDICAL PROFESSIONS BETWEEN THE THREE LANGUAGES: ENGLISH, ITALIAN AND GERMAN 178

Shamsutdinova T.V., Levina O.I.
THE ENGLISH IDIOMS WITH THE ANATOMICAL TERMS AND MEDICAL DIRECTION 180

Budina M.E. SPELLING THE NAMES OF COLOUR REVOLUTIONS 182

Забавнова О.В.
ЛИНГВОКУЛЬТУРОЛОГИЧЕСКИЕ РЕАЛИИ РАЗНОЭТНОСТНЫХ ЯЗЫКОВЫХ СООБЩЕСТВ В АСПЕКТЕ МЕЖКУЛЬТУРНОЙ КОММУНИКАЦИИ 185

Философские науки

Сухоруков Д.С.
ХЛЫСТЫ И СКОПЦЫ КАК ВНЕЦЕРКОВНЫЕ ХРИСТИАНСКИЕ ДВИЖЕНИЯ 189

Экономические науки

Федорова И.И., Сажнева С.В.
ПРИМЕНЕНИЕ 25-ГО КАДРА В МАРКЕТИНГОВЫХ КОММУНИКАЦИЯХ: «ЗА» И «ПРОТИВ» 192

Яцына В.В.
ПЛАНИРОВАНИЕ ТРАНСАКЦИОННЫХ ИЗДЕРЖЕК ПРОМЫШЛЕННОГО ПРЕДПРИЯТИЯ 195

Волосникова Н.Н.
ФОРМИРОВАНИЕ СИСТЕМНОГО ПОДХОДА УПРАВЛЕНИЯ ФИНАНСОВЫМИ ПОТОКАМИ ИНТЕГРИРОВАННОЙ ЛОГИСТИЗАЦИИ ПРОЦЕССОВ НА ПРЕДПРИЯТИЯХ 199

Лайко А.В.
АРЕАЛЫ ТРУДОВЫХ РЕСУРСОВ КАК ОБЪЕКТ УПРАВЛЕНИЯ 202

Исаева Е.С., Исаева Т.Е.
ФУНКЦИИ БРЕНДА В ПОВЫШЕНИИ ЭФФЕКТИВНОСТИ ДЕЯТЕЛЬНОСТИ ПРЕДПРИЯТИЯ 205

Chulanova O.L.
THE CONCEPT OF AUDIT PERSONNEL COMPETENCES AS INNOVATIVE IMPERATIVE OF MODERN BUSINESS.. 208

Юридические науки

Aronov D.V., Gukov A.E.
RESPONSIBILITY FOR DENYING THE HOLOCAUST – A COMPARATIVE ANALYSIS OF
THE EXPERIENCE 211

Сопилко И.Н., Лиховая С.Я.
СОВРЕМЕННАЯ ПРАВОВАЯ НАУКА УКРАИНЫ ОБ ИНФОРМАЦИОННОМ ОБЩЕСТВЕ.................. 213

Гурьев А.В.
ПРАВОВОЕ РЕГУЛИРОВАНИЕ НЕСОСТОЯТЕЛЬНОСТИ (БАНКРОТСТВА) ТУРИСТСКИХ ОРГАНИЗАЦИЙ В ЗАКОНОДАТЕЛЬСТВЕ ВЕЛИКОБРИТАНИИ 217

Нигматуллина Э.Ф.
ЭМЕРДЖЕНТНОСТЬ В ЗЕМЕЛЬНОМ ПРАВЕ РОССИИ 221

Перевозкин Ю.М.
доцент, к.т.н, ТюмГАСУ
Романова А.А.
ТюмГАСУ

ГЕОМЕТРИЧЕСКОЕ ПРОЕКТИРОВАНИЕ НЕКОТОРЫХ АРХИТЕКТУРНЫХ ОБОЛОЧЕК

В статье предлагается образование линейного каркаса оболочек из параболических образующих, так как парабола является с точки зрения расчетов самой прочной кривой. Парабола близка по форме цепной (веревочной) кривой, которую называют кривой давления [1]. Например, арки, очертание оси которых сливается с кривой давления, испытывают только сжатие, а изгибающие моменты отсутствуют.

Нами поставлена цель – получить простые уравнения образующих линий сложных по форме архитектурных оболочек.

Рассмотрим сначала образование волнообразного купола, граничный контур которого представляет собой синусоидальную кривую, лежащую на цилиндрической поверхности (рисунок 1).

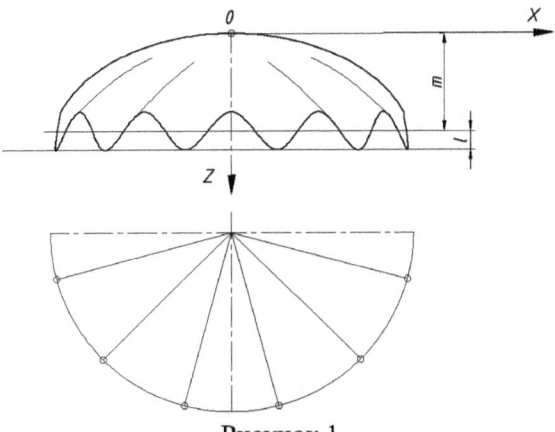

Рисунок 1

Парабола при вращении должна менять свою форму, т.к. в любом положении должна пересекать синусоиду. Отметим, что для обеспечения гладкости в верхней части купола, все параболы должны касаться горизонтальной плоскости, проходящей через вершину купола.

Уравнение синусоиды:

$Z = l \cdot \cos n\varphi + m;$

где l – амплитуда волны;

n – число вершин;

m – расстояние от вершины до срединной плоскости синусоиды.

Уравнение одной волны:

$$Z = l \cdot \cos\varphi + m; \quad (1)$$

Для упрощения вывода уравнений парабол начало координат совместим с вершиной оболочки, а ось Z направим вниз (рисунок 2).

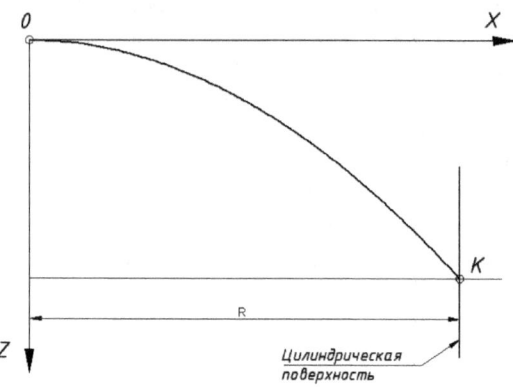

Рисунок 2

Тогда уравнение парабол:

$$Z = Ax^2;$$

где A – величина переменная:

$$A = \frac{Z}{x^2};$$

Так как из (1) $Z = l \cdot \cos\varphi + m$, а все точки синусоиды лежат на цилиндрической поверхности радиуса R, то $A = \frac{l \cdot \cos\varphi + m}{R^2}$, уравнение параболы, пересекающей синусоиду:

$$Z = \frac{(l \cdot \cos\varphi + m)x^2}{R^2}; \quad (2)$$

Большое практическое значение имеет вариант, когда синусоида расположена на конической поверхности, т.е. каждая волна её наклонена к горизонтальной плоскости на какой-то угол α.

На рисунке 3 показано положение точки К (по аналогии с рисунком 2). Здесь точка К лежит на правой образующей конической поверхности на уровне срединной плоскости синусоиды.

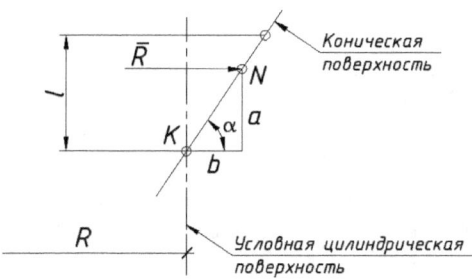

Рисунок 3

На рисунке 3 l – амплитуда синусоиды, которая спроецирована на условную цилиндрическую поверхность. По рисунку 3, $b = \frac{a}{\tg\alpha}$; точка N – произвольная точка на синусоиде. Так как $a = l \cdot \cos\varphi$, то $b = \frac{l\cos\varphi}{\tg\alpha}$. В выражении (2) величина R тоже переменная и равна:

$$\overline{R} = R + \frac{l\cos\varphi}{\tg\alpha};$$

Значит уравнение произвольной параболы, пересекающей наклонную синусоиду:

$$Z = \frac{(l\cos\varphi + m)x^2}{(R + \frac{\cos\varphi}{\tg\alpha})^2}; \quad (3)$$

Отметим, что все величины в уравнении кроме x и $\cos\varphi$ - постоянные.

Таким способом можно написать уравнение образующих для любого вида граничного контура купола – в том числе для контура, состоящего из наклонных парабол.

Если граничный контур представляет собой ломаную линию, то получим складчатую форму купола.

В некоторых учебниках по начертательной геометрии [2,4] предлагается графический способ построения подобных куполов, кстати, довольно сложный и неточный.

Преимуществом предложенного способа является простота и возможность точного определения координат точек, что является необходимым условием для расчетов на прочность и геодезического контроля формы куполов при их возведении.

ЛИТЕРАТУРА

1. Ермолов В.В. Инженерные конструкции. – М.: Высшая школа, 1991 – 408с.
2. Короев Ю.И. Начертательная геометрия. – М.: Стройиздат, 2010 – 318с.
3. Михайленко В.Е., Сазонов К.А., Ковалев С.Н. Формообразование большепролетных покрытий в архитектуре. – Киев: Высшая школа, 1987 – 190с.
4. Русскевич Н.Л. Начертательная геометрия. – Киев: Будівельник, 1970 – 390с.

Мокрецова И.М.
магистрант кафедры микробиологии ФГБОУ ВПО «ВятГУ», г. Киров
Богачева Н.В.
кандидат медицинских наук, доцент, доцент кафедры микробиологии ФГБОУ ВПО «ВятГУ», г. Киров
Дармов И.В.
доктор медицинских наук, профессор, заведующий кафедрой микробиологии ФГБОУ ВПО «ВятГУ», г. Киров

ПЕРСПЕКТИВЫ СОВЕРШЕНСТВОВАНИЯ МЕТОДОВ ИММУНОДИАГНОСТИКИ ХЕЛИКОБАКТЕРИОЗА

Все способы диагностики *H. pylori*, используемые в настоящее время, условно можно разделить на прямые и непрямые (косвенные), на инвазивные и неинвазивные. Инвазивные методы требуют проведения биопсии слизистой оболочки желудка при эндоскопическом обследовании, неинвазивные – не требуют биопсии. Прямые методы позволяют непосредственно выявить *H. pylori*, косвенные методы регистрируют не саму бактерию, а последствия ее персистирования в организме [1]. Большинство прямых методов основаны на инвазивных способах забора материала. Прямая диагностика инфекции *H. pylori* является достаточно трудоемким и отсроченным во времени процессом [1], поэтому совершенствование диагностики хеликобактериоза идет в направлении приоритетного использования неинвазивных методов, к которым относятся, в том числе, методы иммунодиагностики.

Большинство имеющихся в настоящее время иммунологических методов направлено на выявление антител к *H. pylori*. С этой целью в России применяют методы латекс-агглютинации, дот-анализ, иммуноферментный анализ. К недостаткам этих методов следует отнести невысокую степень чувствительности и специфичности, необходимость использования для постановки анализа дорогостоящего оборудования и реагентов, а также определенной квалификации специалистов. Однако данные тесты оптимальны для эпидемиологических исследований и скрининга. Применение подобных методик помогает установить факт сенсибилизации организма *H. pylori*, но не позволяет провести контроль за эрадикационной терапией [1].

В новых поколениях ИФА-тестов усовершенствована технология сорбции антигена, что позволило количественно оценивать степень инвазии *H. pylori* [2, М33]. Благодаря этому стало возможным по динамике снижения титров специфических антител к *H. pylori* косвенно судить об эрадикации микроорганизма.

Дальнейшее совершенствование методов иммунодиагностики должно быть направлено на разработку более чувствительных, специфичных, достоверных, и, кроме того, быстрых, простых и доступных тестов.

Наиболее перспективными могут быть признаны направления, связанные с конструированием иммунохроматографических тест-систем для выявления антигена *H. pylori*.

Принцип большинства уже разработанных тест-систем основан на неконкурентном (сэндвич) методе иммунохроматографии, при котором антиген образует комплекс с двумя молекулами антител – на поверхности конъюгата с маркером и иммобилизованными в аналитической зоне [3,5]. Среди них в настоящее время на Российском рынке представлены следующие: ImmunoCard STAT HpSA (Meridian Bioscience, Inc., США), SD BIOLINE H. pylori Ag (Standard Diagnostics, Inc., Республика Корея), CITO TEST H. pylori Ag (CerTest Biotec S.L., Испания), Хелико Стик (Novamed, Израиль).

В качестве специфических компонентов в мультимембранном композите первых трех тест-систем использованы: конъюгат коллоидного золота с моноклональными антителами мыши к антигену *H. pylori*, в тестовой зоне – моноклональные антитела мыши к антигену *H. pylori*, в контрольной зоне – антивидовые антитела. В тест-системе Хелико Стик в конъюгате и тестовой зоне используются моноклональные антитела к специфическому ферменту хеликобактерий (уреазе). Все упомянутые тест-системы предназначены для выявления антигена *H. pylori* в кале.

С их помощью стало возможным экспрессно определить наличие антигенов простым методом, не прибегая к инвазивным процедурам. Специфичность и чувствительность подобных иммунохроматографических тестов составляет 98±2%.

Тест для определения антигена может быть использован в качестве быстрого скринингового теста для исследования больших популяций на предмет ранней диагностики хеликобактерной инфекции и иммунного ответа на присутствие *H. pylori* в организме, который часто предваряет клиническую манифестацию заболевания [4].

Из недостатков разработанных ИХА тест-систем можно назвать то, что они предназначены для качественного определения антигена *H. pylori* (уреазы) и не определяют его количественное содержание. В качестве диагностического материала в них может быть использован только один вид биологического материала – кал, к которому предъявляются определенные требования по органолептическим свойствам, сбору, хранению и транспортировке.

Поэтому еще одним из вариантов совершенствования диагностических тест-систем является отработка методики использования в качестве биологического материала для иммунохроматографического анализа содержимого зубодесневых карманов, в которых персистенция *H. pylori* является научно доказанным фактом [5, 115], а также количественная обработка иммунохроматографических тестов с использованием специализированных микроанализаторов, основанных на видеоцифровой индикации светимости окрашенных полос.

Необходимо также отметить, что существует настоятельная потребность разработки иммунохроматографических тест-систем, позволяющих рационально назначать многокомпонентные схемы эрадикационной терапии. Серопозитивность к *H. pylori* среди лиц с патологией желудка и двенадцатиперстной кишки достигает около 80% [6, 14], однако не все генетические штаммы *H. pylori* обладают патогенностью. К патогенным, способным вызывать хронизацию процесса, влиять на тяжесть течения заболевания и его прогрессирование, относятся штаммы микроорганизма, имеющие гены *cagA, iceA, babA* [7, 35]. В связи с этим, перспективным направлением будет являться разработка иммунохроматографических тест-систем с использованием в качестве специфического компонента моноклональных антител к генам патогенности. Применение подобных тест-систем позволит рационально назначать эрадикационную терапию и исключить необоснованный риск развития дисбактериоза в результате применения многокомпонентной антибактериальной схемы лечения хеликобактериоза.

Таким образом, перспективы совершенствования методов иммунодиагностики хеликобактериоза должны быть направлены на дальнейшую разработку быстрых, нетрудоемких, высокоспецифичных и чувствительных иммунохроматографических тест-систем, с возможностью количественного определения антигена *H. pylori* в различном биологическом материале и обоснованного отбора лиц для назначения лечения по эрадикации микроорганизма.

Литература

1. Диагностика и лечение заболеваний желудочно-кишечного тракта, ассоциированных с инфекцией Helicobacter pylori. Практическое руководство для врачей. М., 2006. URL: http://www.biograd.ru/publications/practical_guides_for_doctors/helicobacter/contents

2. Дробченко С.Н., Ткаченко С.Б. Использование новой медицинской технологии диагностики хеликобактериоза в России // ГАСТРОэнтерология Санкт-Петербурга. Научно-практический журнал. 2008. № 2-3. С. М33-М34.

3. Метод калибровочных кривых для иммунохроматографических экспресс-тестов. Часть 1. Иммунохроматографические экспресс-тесты с коллоидным золотом / С.С. Голубев, Б.Б. Дзантиев, А.В. Жердев, Ю.В. Киселева, Я.А. Короленко, Ю.А. Кудеяров, В.М. Малюченко, Н.И. Смирнова, Д.В. Сотников. ВНИИМС, 01.10.2012. 18 с.

4. SD BIOLINE Антиген Хеликобактер пилори SD BIOLINE H. pylori Ag // Регистрационное удостоверение ФСЗ №2009/05702 от 09.12.2009.

5. Угольник Т.С. Антитела к CagA антигену Helicobacter pylori в сыворотке в группах носителей НР в ротовой полости // Международный Евро-Азиатский конгресс по инфекционным болезням. Т.1. Актуальные вопросы инфекционной патологии. Витебск, 5-6 июня 2008. С. 115.

6. Сварваль А.В. Характеристика популяции возбудителя и изучение цитокинового звена иммунитета у лиц, инфицированных Helicobacter pylori. Автореферат диссертации на соискание ученой степени кандидата медицинских наук. СПб., 2012. 26 с.

7. Особенности полиморфизма генов вирулентности Helicobacter pylori и генов ИЛ-1 при язвенной болезни желудка и двенадцатиперстной кишки, ассоциированной с Helicobacter pylori / О.А. Чернова, Э.Р. Насыбуллина, О.В. Горшков, Г.Ф. Шаймарданова, В.М. Чернов, Р.А. Абдулхаков // Бюллетень сибирской медицины, 2005. Приложение 2. С 31-35.

Красникова Е.С.[1], Красников А.В.[2]
[1] к. б. н., ФГБОУ ВПО Саратовский ГАУ
[2] доцент, к. в. н., ФГБОУ ВПО Саратовский ГАУ

КОМПЛЕКСНЫЙ ПОДХОД И ОПТИМИЗАЦИЯ ДИАГНОСТИЧЕСКИХ МЕРОПРИЯТИЙ ПРИ FIV-ИНФЕКЦИ

Впервые вспышка заболевания кошек вирусным иммунодефицитом была зарегистрирована в 1986 году в кошачьем питомнике Северной Калифорнии сотрудниками Ветеринарной школы при Калифорнийском университете. Первоначально обозначенный как Т-лимфотропный лентивирус кошек, возбудитель был вскоре переименован в вирус иммунодефицита кошек (FIV). В настоящее время вирусный иммунодефицит кошек (ВИК) широко распространен по всему миру, инфицированы от 1 до 30% животных [1; 5].

Возбудитель, feline immunodeficiency virus, относят к роду Lentivirus семейства Retroviridae. Данный вирус имеет филогенетическое родство с возбудителями подобных заболеваний у людей. Хотя вирус считается видоспецифичным, в истории уже есть примеры, когда ретровирусы преодолевали межвидовой барьер, в том числе и осуществляли переход с животных на человека. Кошки являются частыми соседями человека, и научно доказано, что экскреты животных содержат вирусы [4].

Вирусы иммунодефицита, используя CD4 лимфоциты для клонирования вирионов, являются причиной первичного поражения иммунной системы, поражая именно ту систему организма, которая призвана с ними бороться и обеспечивать гомеостаз организма в целом. Как следствие, в инфицированном организме развивается комплекс симптомов, именуемый СПИД- синдром приобретенного иммунодефицита, приводящий к летальному исходу [4].

В силу отсутствия специфических клинических проявлений инфекции, это высоко контагиозное заболевание часто остается не диагностируемым. В Российской Федерации для выявления FIV ветеринарные специалисты применяют иммунохроматографические тесты (ИХА) и полимеразную цепную реакцию (ПЦР). ИХА – простой и доступный метод, но чувствительность и специфичность его уступает ПЦР [2]. Далеко не каждая ветеринарная лаборатория располагает возможностью проводить ПЦР- диагностику ВИК. В то время как возможность исследовать показатели крови и вскрыть павшее животное доступно в большинстве случаев.

В связи с этим, **целью** наших исследований стало выявление половозрастных, породных, клинических, гематологических и патоморфологических закономерностей при FIV-инфекции.

Для достижения цели нами были поставлены следующие **задачи**:

- исследовать обращающихся за ветеринарной помощью кошек на наличие FIV;

- изучить половозрастную и породную принадлежность FIV-инфицированных животных;

- выявить наиболее характерные клинические признаки при ВИК;

- изучить биохимических и морфологических показателей крови при FIV-инфекции;

- установить наиболее типичные патоморфологические изменения у погибших от СПИДа кошек;

- дать конкретные рекомендации практикующим ветеринарным специалистам и владельцам кошек для недопущения распространения FIV-инфекции.

Материалом для исследования послужили кошки разных половозрастных групп и пород в количестве 91 голова, обращавшиеся за помощью в УНИЦ «Ветеринарный госпиталь» ФГБОУ ВПО Саратовского ГАУ. Прижизненный диагноз «ВИК» был поставлен на основании исследования крови животных на наличие провирусной ДНК FIV методом ПЦР (набор «ВИК», Россия). Исследование крови проводилось на гематологическом анализаторе автоматического типа PCE-VET и биохимическом анализаторе полуавтоматического типа BioChemSA. Вскрытие трупов кошек осуществляли методом полной эвисцерации.

При исследовании методом ПЦР наличие провируса FIV было установлено у 13 животных (14,3%). Из числа обследованных, FIV-позитивными оказались: 1 британская (6,3%), 2 персидские (9,5%), 3 сиамские (15,8%) и 7 беспородных (30,4%) кошек. Причем, самцы составляли 51,6% (47 голов) из числа инфицированных, самки-31,9% (29), а вазэктомированные самцы-16,5% (15). При этом наблюдалась возрастная корреляция: среди инфицированных животных особи до 3 лет составляли 8% (1 голова) от 3 до 5 лет-34% (4) и старше 5 лет-58% (8). Из 13 FIV-носителей клинические проявления отсутствовали только у 1 животного (7,7% из числа инфицированных)- британской кошки, владельцы которой обратились с целью санации ротовой полости питомца. В остальных 92,3% случаев у животных наблюдались клинические проявления СПИДа: хронические рецидивирующие стоматиты, гингивиты и периодонтиты (86,8%), признаки поражения печени и почек (58,2%), диарея (14,7%), отиты (14,3%), конъюнктивиты (11,2%), риниты (10,4%), бронхиты и пневмония (6,6%), циститы (5,1%), пиодермии (4,5%). В большинстве случаев наблюдалось сочетанное проявление тех или иных патологий (у 8 животных или 61,5%), и владельцы периодически обращались в УНИЦ «Ветеринарный госпиталь» за помощью. Все животные постоянно находились на поддерживающей терапии [1].

Исследование крови показало, что инфекция сопровождалась гиперпротеинемией, гипербиллирубинемией, а также усилением активности аспартатаминотрансферазы (АСТ) и аланинаминотрансферазы (АЛТ). При этом отмечались: анемия, лейкопения, лимфоцитопения, тромбоцитопения, моноцитоз и повышение СОЭ [3].

В течение периода наблюдения 3 животных пало. Патологоанатомическое исследование трупов выявило признаки глубокого поражения печени (увеличение желчного пузыря, инфильтрация близлежащих тканей желчью, иктеричность слизистых и серозных покровов, изменения окраски и консистенции печени), поражение почек (увеличение почек, кровоизлияния под почечной капсулой, гиперемия сосудов почек, бугристая поверхность и сглаженность рисунка почек), полную атрофию и перерождение лимфоузлов и признаки атрофии селезенки (побледнение окраски и дряблая консистенция).

Таким образом, нами установлено, что ВИК чаще регистрируется у некастрированных беспородных котов старше 5 летнего возраста. При развитии у животных СПИДа комплекс симптомов значительно варьирует, в крови обнаруживаются признаки анемии, воспаления и аллергической реакций. У павших FIV-инфицированных животных отмечаются признаки глубокого поражения печени, почек и иммунокомпетентных органов. Ветеринарным специалистам и владельцам животных необходимо учитывать весь комплекс «сигнальных» показателей чтобы не допустить распространение этой неизлечимой инфекции среди животных.

Литература

1. Красникова Е.С., Анников В.В. Эпизоотология вирусного иммунодефицита кошек в городе Саратове и Саратовской области. Вестник Ветеринарии. Вып. 59. N 4/2011.- С.-99-101.
2. Красникова Е.С., Красников А.В., Агольцов В.А. Оценка диагностической ценности полимеразной цепной реакции и иммунохроматографического анализа при некоторых превалирующих ретровирусных инфекциях кошек. Вестник Саратовского госагроуниверситета им. Н.И. Вавилова. 2013 г. №2.- С. 21-23.
3. Красникова Е.С., Кудинов А.В. Гематологические показатели FIV-инфицированных кошек. Вестник Ветеринарии. Вып. 60. N 1/2012.- С.-23-26.
4. Супотницкий М.В. Эволюционная патология. К вопросу о месте ВИЧ-инфекции и ВИЧ/СПИД-пандемии среди других инфекционных, эпидемических и пандемических процессов. — Москва: Вузовская книга, 2009. - 400 с.
5. Olmsted R.A., Hirsch V.M., Purcell R.H., Johnson P.R. Nucleotide-sequence analysis of feline immunodeficiency virus-genome organization and relationship to other lentiviruses. Proc. Natl. Acad. Sci. U.S.A. 1989; 86:8088-8092.

Астахова И.С.[1], Иевлев А.А.[2]

[1]Геологический музей им. А.А. Чернова Института геологии Коми НЦ УрО РАН, astakhova@geo.komisc.ru

[2]Кандидат геолого-минералогических наук, Геологический музей им. А.А. Чернова Института геологии Коми НЦ УрО РАН, museum@geo.komisc.ru

ЭКСПЕДИЦИОННЫЕ ИССЛЕДОВАНИЯ ИНСТИТУТА ГЕОЛОГИИ КОМИ НАУЧНОГО ЦЕНТРА УРАЛЬСКОГО ОТДЕЛЕНИЯ РАН

Основным объектом исследований Института геологии Коми НЦ УрО РАН является Европейский Северо-Восток России. Его территория включает северо-восточную часть Восточно-Европейской платформы, Тиманский кряж и северную часть Уральской складчатой системы с продолжающей ее островной цепью (о-ва Вайгач и Новая Земля).

Первая российская государственная геологическая экспедиция была послана в конце XV в. Великим князем Иваном III для поиска медных и серебряных руд на р. Цильма (ныне территория Республики Коми). Результаты поисковых и предпринимательских работ последующих веков (обнаружение и разработка соляных растворов, железных руд, точильного камня, нефти) привлекли внимание исследователей к северным территориям России. В XVIII и XIX вв. организуются экспедиции под руководством И.И. Лепехина, А.А. Кейзерлинга, Э.К Гофмана, Е.С. Федорова, Ф.Н. Чернышева и др. Геологические исследования Европейского Северо-Востока России первой половины XX в. связаны с именами А.А. Чернова, В.А. Варсанофьевой, Т.А. Добролюбовой, Е.Д. Сошкиной, Г.А. Чернова, М.И. Шульги-Нестеренко, А.Н. Алешкова, А.Н. Заварицкого, Н.А. Сирина,, А.В. Хабакова, Г.П. Софронова, К.Г. Войновского-Кригера, Н.Н. Тихоновича, А. Я. Кремса, А.Н. Розанова, И.Е. Худяева, Н.А. Кулика и др. Региональные исследования с 1920-х гг. проводились различными организациями (Северная научно-промысловая экспедиция, Полярная комиссия АН СССР, Ухтинская экспедиция ОГПУ, Ухто-Печорский трест, Северное геологическое управление и др.) [2; 4; 5].

В 1933 г. в Архангельске было создано Бюро по изучению Северного края Полярной комиссии АН СССР. В 1935 г. в результате реорганизации бюро была создана Северная база АН СССР. В августе 1939 г. была организована Сыктывкарская группа Северной базы АН СССР. В сентябре 1941 г. в результате эвакуации и объединения Северной и Кольской баз АН СССР в Сыктывкаре была сформирована База по изучению Севера им. С.М. Кирова, которую возглавил академик А.Е. Ферсман [1].

Начиная с 1941 г., Базой по изучению Севера, а в дальнейшем Институтом геологии Коми НЦ УрО РАН, были организованы 1119 экспедиций в различные районы Европейского Северо-Востока России (табл.).

Таблица

Экспедиции Института геологии Коми НЦ УрО РАН (1941-2012 гг.)
(по материалам М.В. Фишмана [8] и ежегодных отчетов экспедиций)

Район исследований	1941-1957	1958-1967	1968-1977	1978-1987	1988-1997	1998-2007	2008-2012	Всего
			Количество экспедиций					
Северный Тиман, п-ов Канин		14	17	22	7	6	1	**67**
Средний и Южный Тиман	7	18	27	17	28	49	19	**165**
Печорская низменность	1	9	22	17	13	4	12	**78**
Северный Урал	28	12	20	6	3	17	12	**98**
Приполярный Урал	21	32	39	43	59	47	10	**251**
Полярный Урал		5	20	55	40	36	9	**165**
Гряда Чернышева	4	8	2	3	1	4	1	**23**
Пай-Хой		6	45	37	12	6	3	**109**
Мезенско-Вычегодская равнина	11	11	9	10	22	38	21	**122**
Другие территории			8	3	14	12	4	**41**
Всего	72	115	209	213	199	219	92	**1119**

Основная задача академических геологических исследований в годы Великой Отечественной войны заключалась в расширении базы минерально-сырьевых ресурсов для нужд военного времени. Основные направления научного поиска были связаны с железными рудами (В.С. Мясников, И.Н. Чирков (1941), А.А. Чумаков (1942), Н.Д. Соболев (1943)), проблемами нефтеносности (А.А. Чернов (1942-1944), В.В. Ламакин (1945)) и соленосности (М.А. Плотников (1942-1945)).

В первые послевоенные годы из-за снижения численности научных сотрудников и отсутствия достаточного финансирования в экспедиционных исследованиях произошел спад. Лишь с 1950-х гг. заметно возросло количество экспедиций. Одновременно изменились и объекты исследования. Более детально изучалась стратиграфия Приполярного и Северного Урала (рр. Щугор, Подчерем, Б. Сыня, Вангыр, Печора) (В.А. Варсанофьева, А.И. Першина, Н.Н. Кузькокова, Н.В. Калашников, З.П. Михайлова), гряды Чернышева (А.И. Елисеев, А.И. Першина), а также проводились минералого-петрографические исследования Приполярного Урала (М.В. Фишман, Б.А. Голдин), рудной минерализации Северного Урала (М.Г. Трущелев).

К 1958 г. – времени создания Института геологии - были выявлены перспективы дальнейшего изучения и расширения минерально-сырьевой базы, в частности, рудной минерализации в пределах западного склона Приполярного и Полярного Урала, а также углеводородов в Предуральском краевом прогибе и Большеземельской тундре [8]. Существенное увеличение объема полевых работ позволило получить новые данные по геологическому строению и истории геологического развития территории, открыть новые месторождения и проявления полезных ископаемых. За первые десять лет существования института, благодаря полученным полевым материалам, была создана региональная унифицированная схема стратиграфии палеозойских и нижнемезозойских отложений (Г.А. Чернов, А.И. Першина, Н.А. Боринцева, А.И. Елисеев, М.А. Плотников, В.А. Молин, В.А. Чермных, Н.В. Калашников, В.С. Цыганко, Э.С. Щербаков, В.В. Хлыбов). На Приполярном Урале были выявлены и изучены основные магматические комплексы (Н.П. Юшкин, Е.П. Калинин, В.Н. Пучков, М.В. Фишман, Р.Г. Тимонина, Б.А. Голдин, В.В. Буканов и др.). В результате в 1948-1962 гг. было открыто около 150 рудных проявлений меди, свинца, цинка, серебра, молибдена, вольфрама, олова и золота [7]. Активизировались полевые исследования Тиманского кряжа и п-ова Канин. Изучались магматические комплексы и особенности тектонического строения этого района (Б.А. Мальков, В.Г. Гецен, Н.И. Тимонин) и обнаруженных кор выветривания (О.С. Кочетков, В.В. Беляев). Проводились геоморфологические исследования Северного Урала (Б.И. Гуслицер, И.Г. Гладкова) и четвертичных отложений Европейского Северо-Востока России (Э.И. Девятова, Э.И. Лосева).

Улучшение финансирования полевых работ в конце 1950-х - начале 1960-х гг. позволило проводить не только пешие маршруты с использованием вьючных лошадей и лодок, но и использовать вертолеты для заброски полевых отрядов в труднодоступные горные районы. В этот период сотрудники института продолжали заниматься проблемами минералогии и металлогении Пай-Хоя, Приполярного и Полярного Урала и Тимана. Большой коллектив стратиграфов и палеонтологов (А.И. Першина, В.С. Цыганко, Э.С. Щербаков, А.И. Елисеев, Н.В. Калашников, З.П.Михайлова, В.А. Чермных, В.И. Чалышев, В.А. Молин, Б.И. Гуслицер, Э.И. Лосева, К.И. Исайчева) проводил анализ и биогеографическое районирование Приполярного и Северного Урала, Среднего Тимана, отдельных участков севера Русской платформы.

С 1970 г. на Полярном Урале В.Н. Охотниковым совместно с Т.А. Фомиченко и Е.И. Бевз проводились работы по изучению рудных формаций. В этот период В.В. Буканов закладывает основы изучения минералогии и генезиса месторождений горного хрусталя на Приполярном Урале. В результате работ был подтвержден промышленный характер хрустальной минерализации. Дальнейшие исследования хрусталеносных полей на Приполярном Урале велись П.П. Юхтановым, С.К. Кузнецовым, Л.А. Коноваленко, В.Д. Василевским. Минералого-петрографические исследования, проведенные на Приполярном Урале в северной части Ляпинского антиклинория, позволили обнаружить в 1967 г. новый иттриевый минерал – черновит [3].

В этот период продолжалось изучение закономерностей формирования и размещения бокситовых месторождений Тимана. В группе В.В. Беляева работали В.Е. Закруткин, С.В. Колесников и В.В. Лихачев. Детально изучался вещественный состав и геохимия бокситов, были выявлены титановые руды на Южном Тимане.

С 1969 г. под руководством Н.П. Юшкина с участием Б.А. Остащенко, В.И. Силаева, А.М. Асхабова, К.П. Янулова, А.Б. Макеева, П.П. Юхтанова и А.Ф Кунца осуществлялась программа полевых научных экспедиций на Пай-Хое и Вайгач-Южноновоземельском антиклинории. Наиболее плодотворной и результативной были исследования 1972–1976 гг. В эти годы были осуществлены единственные за всю историю института морские экспедиционные работы. Были проведены широкомасштабные исследования рудных месторождений и рудопроявлений на о. Вайгач и северо-западной части Югорского п-ова, найден арктический янтарь на р. Песчаной (Н.И. Тимонин, Н.В. Калашников). К 1976 г. был подтвержден факт широкого развития флюоритовой минерализации в юго-западной части южного острова Новой Земли, и было открыто несколько десятков новых проявлений флюорита. В 1975 году А.Б. Макеев на Югорском полуострове в среднем течении р. Силоваяха собрал коллекцию жильных кварц-кальцитовых пород с рудной минерализацией. В ходе исследования коллекции им был обнаружен мышьяково-германиевый сфалерит, который на тот момент являлся второй находкой этого минерала в мире. Позднее при изучении образцов коллекции был обнаружен необычный фиолетово-розовый минерал. В 1983 г. он в установленном порядке был утвержден как юшкинит [6].

В 1975 г. в Институте геологии был организован отдел геологии горючих ископаемых, что привело к увеличению экспедиционных работ, связанных с исследованием нефтегазоносности севера Тимано-Печорской провинции. Богатый материал по этой проблематике был собран экспедиционными отрядами Б.А. Пименова, В.А. Дедеева, Т.В. Майдль, В.Ф. Удот, Н.А. Малышева, Л.З. Аминова.

В этот период для сопоставления и сравнения особенностей геологического строения районов Европейского Северо-Востока России в институте начали организовывать экспедиции в другие регионы страны (Архангельскую область, Якутию, Карпаты, Кавказ, Индию, Памир, Сихоте-Алинь, Донбасс). Со второй половины 1970-х гг. Тимано-Североуральский регион привлекает внимание многих научных организаций (ЦНИГРИ, ЗапСибНИГНИ, ВИМС, Палеонтологический институт АН СССР, ВСЕГЕИ).

Последующие экспедиционные работы были направлены на углубление изучения геологического строения Европейского Северо-Востока России, выявление условий формирования и закономерностей распространения месторождений нефти, газа, горючих сланцев, различных видов рудных и нерудных полезных ископаемых. Продолжались исследования стратиграфии верхнекайнозойских отложений в нефтегазоносных районах Печорской низменности (Б.И. Гуслицер, Э.И. Лосева, Л.Н. Андреичева, В.А. Кочев, Л.А. Коноваленко, И.Н. Рыжков). Стратиграфическими исследованиями палеозойских отложений Приполярного Урала занимались В.С. Цыганко, А.И. Першина, В.А. Чермных, Т.М. Безносова, Н.А. Боринцева. Структурно-тектонические исследования Пайхойского антикинория проводились Н.А. Малышевым, Н.И. Тимониным, А.Б. Юдиным, литолого-геохимические особенности пород изучали А.А. Беляев, Я.Э. Юдович и А.И. Елисеев.

Топоминералогические исследования рудоносных районов Европейского Северо-Востока России расширили кадастр минералов региона и выявили основные закономерности распространения руд. Было проведено детальное опробование флюорит-полиметаллических месторождений Пайхойского антикинория (А.Ф. Кунц), а также изучались минералы медной и фосфатной минерализаций Пай-Хоя (Н.П. Юшкин, А.А. Иевлев). Увеличились полевые исследования по проблемам петрологии и геологии рудных полезных ископаемых на Полярном Урале. Были организованы отряды В.Н. Охотникова, А.Ф. Кунца, А.Б. Макеева, В.И. Силаева, В.Д. Тихомировой, В.И. Мизина, Р.Г. Тимониной, Т.И. Тараниной, Е.И. Бевз, А.В. Калиновского, Д.Н. Ремизова, Д.Н. Литошко, В.А. Гитева, Д.Н. Махлаева. Расширились минералогические исследования рудных формаций Тимана (Б.А. Остащенко, Т.П. Майорова, В.В. Хлыбов, В.В. Келим), а также петрографические (В.И. Степаненко) и стратиграфические (В.Г. Гецен) исследования. С 1980-х годов началось изучение типоморфизма и закономерностей распространения аллювиального золота на Приполярном и Полярном Урале, Тимане (Т.П. Майорова, Л.Н. Андреичева, М.Б. Тарбаев)

В 1990-х гг. продолжалось детальное изучение опорных разрезов палеозоя и кайнозоя Приполярного Урала (Д.Б. Соболев, В.С. Цыганко, Т.М. Безносова), были описаны многочисленные выходы таких пород в бассейнах рр. Луза, Летка (В.А. Чермных) и Печоры (Н.В. Ильина). Для разработки модели геологической эволюции Печорской плиты Н.А. Малышев, В.А. Дедеев и В.Г. Гецен провели геолого-геофизические исследования в Ненецком автономном округе, на Северном Тимане. Изучалась геология сланценосных отложений различных районов Европейского Севера-Востока России (С.В. Лыюров, В.А, Молин, Н.С.

Лавренко, Н.Н.Рябинкина, С.В. Рябинкин). Продолжались геолого-геохимические исследования Севера Урала (Я.Э. Юдович, А.В. Мерц). Были выявлены литологические особенности палеозойских формаций Пай-Хоя (А.А. Беляев), а так же детально изучены формации Приполярного Урала (А.И. Антошкина, В.А. Салдин). Велись минералогические исследования Пайхойского антиклинория (Н.П. Юшкин, Ю.В. Глухов), Полярного (А.Б. Макеев, Н.И. Брянчанинова, М.Ю. Сокерин, В.И. Силаев, В.Д. Тихомирова) и Приполярного Урала (С.К. Кузнецов). Большой объем стратиграфических полевых наблюдений осуществлялся в бассейнах рр. Шапкина (Л.Н. Андреичева), Вычегды (Т.И. Марченко-Вагапова), Печорская Пижма (С.В. Лыюров, В.А. Молин, Л.А. Коноваленко). Проводились совместные работы по изучению гряды Чернышева и отложений Южного Тимана сотрудниками института (А.Б. Юдин, Н.В. Беляева, А.Л. Корзун, В.А. Салдин) с геологами из США.

В 1996 г. в Сыктывкарском государственном университете была открыта базовая кафедра, на которой готовят специалистов-геологов. Ежегодно организуются студенческие полевые отряды. Под руководством ученых института изучаются особенности геологического строения южных районов Республики Коми, Полярного Урала и Республики Крым.

В последние годы экспедиционные работы проводятся силами 15-25 отрядов. В ходе многолетних полевых исследований созданы геодинамические модели строения Тимана, Пай-Хоя, Полярного и Приполярного Урала. Выявлены важнейшие особенности механизмов формирования и эволюции седиментационных бассейнов. Детально изучен широкий комплекс палеоорганизмов различного возраста и разных палеообстановок. Ряд сделанных учеными института находок отвечает уровню мировых сенсаций, например, сочлененные скелеты поролепиформа *Holoptychius* sp. (нового вида этого рода), части черепа примитивного тетрапода, кости двоякодышащей рыбы.

Объектами пристального внимания остаются энергетические виды минерального сырья (нефть, газ, уголь и горючие сланцы). В результате многолетнего изучения сотрудниками института был получен обширный материал по закономерностям хрусталеобразования на месторождениях Приполярного Урала. На Полярном Урале были исследованы медно-колчеданановая, вольфрам-молибденовая, барит-полиметаллическая и хромитовая минерализации. В этом районе были проведены литологические исследования осадочных формаций и выявлены перспективы их рудоносности. Исследования Пайхойско-Южноновоземельской провинции выявили основные геологические формации территории, были открыты новые минералопроявления, выяснен общий минералогический облик провинции. Сегодня продолжаются работы по более глубокому изучению рудной минерализации, в частности, золоторудной и никеле-сульфидной с сопутствующей платиноносностью.

В последние годы экспедиционные работы Института геологии ведутся не только в Тиман-Североуральском регионе (Республика Коми, Ямало-Ненецкий и Ненецкий автономные округа, Тюменская, Вологодская и Архангельская области), но и в Пермском крае, Кировской области, Сибири, Забайкалье, на Таймыре и Кольском полуострове. Большой интерес к геологии региона проявляют зарубежные ученые. В полевых работах института принимают участие специалисты из США, Бразилии, Китая, Великобритании, Польши, Германии, Норвегии, Швеции, Финляндии, Эстонии и Латвии. Сотрудники института ведут исследования в Бразилии, Германии, Финляндии и Эстонии.

Институт в настоящее время обладает парком колесной и гусеничной техники: три вездехода ГАЗ-71, вездеходы ГАЗ-34036 и ГАЗ-34039, автомобили ГАЗ-6611 (вахта), УАЗ-2206, УАЗ-39099, ВАЗ-2131 Нива [7].

Экспедиционная деятельность Института геологии Коми НЦ УрО РАН в период 1941-2012 гг., привела к получению объективных данных по геологии и полезным ископаемым Тимано-Североуральского региона и формированию современных научных представлений о геологической истории, строении и рудоносности этой территории.

Литература

1. Беляев В.В., Юшкин Н.П. Летопись Института геологии Коми научного центра УрО РАН. Сыктывкар, 1998. 88 с.

2. Геологические исследования Коми края / М.Б. Тарбаев, А.А. Иевлев, Н.Н. Тимонина, А.М. Плякин, И.С. Астахова // Современные проблемы теоретической, экспериментальной и прикладной минералогии (Юшкинские чтения – 2013). Сыктывкар, 2013. С. 44-46.

3. Голдин Б.А., Юшкин Н.П., Фишман М.В. Черновит – новый минерал (арсенат иттрия) с Приполярного Урала // ДАН СССР. 1973. Т. 179. № 1. С. 187–189.

4. Иевлев А.А. Работа Печорской бригады Полярной комиссии АН СССР: значение, результаты и проблемы историографии // Вестник Института геологии Коми НЦ УрО РАН. 2013. № 6. С. 15-20.

5. Иевлев А.А. Северная научно-промысловая экспедиция: комплексные исследования Европейского Северо-Востока России в 1920-1925 гг. // Современные проблемы теоретической, экспериментальной и прикладной минералогии (Юшкинские чтения – 2013). Сыктывкар, 2013. С. 18-20.

6. Макеев А.Б., Ковальчук Н.С. Юшкинит $V_{1-x}S \cdot n[(Mg, Al)(OH)_2]$. Сыктывкар: Геопринт, 2006. 70 с.

7. Научная и научно-организационная деятельность Института геологии Коми НЦ УрО РАН в 2005-2009 гг. / Под ред. А.М. Асхабова. Сыктывкар: Геопринт, 2010. 152 с.

8. Фишман М.В. Экспедиционные исследования Института геологии Коми научного центра УрО РАН. Сыктывкар, 2000. 386 с.

Коломиец В.Л.
Кандидат геолого-минералогических наук, kolom@gin.bscnet.ru
Геологический институт СО РАН, г. Улан-Удэ
Бурятский государственный университет, г. Улан-Удэ

НИЗКИЙ ТЕРРАСОВЫЙ КОМПЛЕКС СЕЛЕНГИНО-ИТАНЦИНСКОЙ ВПАДИНЫ

Селенгино-Итанцинская впадина является составной частью Усть-Селенгинской депрессии – наиболее крупной отрицательной морфоструктуры Юго-Восточного Прибайкалья (Байкальская рифтовая зона). Фофоновской кристаллической перемычкой она обособляется от собственно Усть-Селенгинской впадины. На сегодняшний день здесь наиболее исследованными являются низкие третья и вторая поздненеоплейстоценовые надпойменные террасы, верхние части толщ которых изучены в карьере на правом склоне долины р. Ловцовой в 1 км выше от места ее впадения в р. Селенгу.

Толща *третьей террасы* (15-20 м, ермаковское время позднего неоплейстоцена) в целом имеет двучленное строение. Нижняя часть разреза, как правило, сложена косослоистыми галечниками и крупно- и грубозернистыми песками с гравийными включениями. Осадки верхней части, вскрытой до глубины 8 м, представлены довольно широким тонкообломочным литологическим разнообразием – от песчаных алевритов (средневзвешенный диаметр частиц $x=0,08-0,1$ мм), алевропесков ($x=0,16-0,17$ мм), алевритовых песков ($x=0,18-0,20$ мм) до средне-мелкозернистых алевритовых песков ($x=0,22$ мм). Коэффициенты сортировки Траска S_0, стандартное отклонение σ составляют 1,26-1,48 и 0,04-0,22 соответственно, и характеризуют осадки как совершенно, очень хорошо и хорошо сортированные, что отражает значительное расстояние транспортировки и пониженную скорость седиментации. По коэффициентам асимметрии, вычисленным по методу статистических моментов ($\alpha>0$), и асимметрии Траска ($S_k<1$) со сдвинутыми модами в сторону крупных частиц энергетические уровни живых сил седиментации оцениваются как нормальные. Значения эксцесса положительны ($\tau=3,41-38,74$), что прямо указывает на определенную стабильность этой среды. Величина стандартного относительного отклонения по всей толще составляет 0,54 – 0,76, что подтверждает аквальное происхождение изучаемых осадков и принадлежит области совмещенного аллювиально-лимнического генезиса.

Накопление осадков третьей террасы происходило в озеровидных, неглубоких (до 2 м) водоемах при наличии разветвленной фуркирующей сети проток р. Пра-Селенги со слаботурбулентным гидрологическим режимом. По величине числа Фруда водотоки относились к равнинному ($Fr<0,1$) типу постоянных, в достаточно степени оформленных русел с водосборной площадью более 100 км², свободным течением воды в обычных, комфортных и очень комфортных условиях состояния ложа (коэффициент шероховатости, n=42,8-50,7); φ-критерий устойчивости (меньше 100 ед.) определяет такие палеопотоки как слабоподвижные.

Фациальная причастность осадков третьей террасы неоднозначна – алевритово-песчаные разновидности накапливались в акватории озерного водоема со слабым волнением и придонным течением (лимническая макрофация), а средне-мелкозернистые пески приносились мигрирующими речными потоками с пониженными скоростями движения воды (речная макрофация).

Вторая надпойменная терраса (10-12 м, каргинская эпоха, поздний неоплейстоцен) как и третья, состоит из двух толщ. Низы сложены слоистым псефитово-псаммитовым материалом, верхи – песчано-алевритовыми осадками. В строении основания террасы, изученного на некотором удалении от карьера, в приустьевой части р. Итанцы, принимают участие гравийно-галечно-песчаные смеси (x=9,55 мм). Показателем небольшой дальности переноса и повышенной скорости седиментации служит плохая сортировка или ее полное отсутствие (S_0=5,88, σ=5,55). Эксцесс отрицательный, что определяет дисбалансированность хода тектонических событий, которая способствовала росту экзогенных сил, в первую очередь, усилению эрозии и склоновых процессов.

Палеогидрологические показатели аккумуляции изучаемой толщи максимально контрастны, так как в отличие от водных систем более ранних эпох преимущественно равнинного типа, здесь получили развитие крупные горные потоки со зрелыми грядовыми формами (Fr=0,47), извилистым крупногалечными строением ложа и неспокойным быстрым течением (n=22,9, скорость течения v=2,07 м/с). Пульсационная срывающая скорость транспортировки обломочного материала составляла 1,21 м/с, придонная скорость отложения 0,78 м/с, глубина в меженный период – до 1 метра, с существенным увеличением в паводок до 6,8 м и уклон водного зеркала – до 9,1 м/км. Следовательно, осадки этого уровня принадлежат русловой группе фаций – преимущественно аллювиальным русловым грядовым с подчиненной ролью в разрезах пойменных песков.

Верхняя толща (вскрытая мощность – 7 м) наращивает разрез отложений 2-й террасы и сложена массивной лессовидной супесью палевого цвета (залегание 0,0-1,8 м), палевым субгоризонтально- и слабоволнисто-слоистым песчаным алевритом (1,8-3,2 м, x=0,12-0,14 мм), серыми ритмично-тонкослоистыми субгоризонтально-волнистыми алевритово-мелкозернистыми песками (3,8-5,2 м, x=0,17 мм) и серыми, коричневато-серыми субгоризонтально-наклонными мелкозернистыми песками (5,2-7,0 м, x=0,19 мм). Подавляющая часть гранулометрического спектра (93-99 %) сосредоточена в двух фракциях – 0,315-0,14 мм (30-75%)

и меньше 0,14 мм (25-70%). Псаммитовых частиц другой размерности, в первую очередь, среднезернистых значительно меньше (0,5-6,5%), крупно- и грубозернистые – единичны (0,1%). Кроме того, в распределении размерности частиц имеет место следующая закономерность – по мере роста глубины разреза происходит укрупнение зерна. Текстура в целом субгоризонтально-волнистая, выдержана по простиранию, отмечается определенная ритмичность в распределении прослоев – чередование по вертикали светлых, более зернистых и темных, менее зернистых слойков.

Аккумуляция верхней части толщи совершалась в условиях мелководных (до 1,0-1,5 м) проточных озерных бассейнов со слаботурбулентным гидрологическим режимом водотоков. Палеопотоки, транспортировавшие в эти озера рыхлые наносы, характеризовались равнинным ($Fr<0,1$) типом естественных русел с площадью водосбора >100 км^2 в благоприятных условиях состояния ложа и свободного течения воды ($n>40$). Минимальные значения срывающей скорости водного потока, при которых данные отложения приходили в движение и испытывали перенос, составляли 0,28-0,3 м/с, новое осаждение их происходило с уменьшением придонной скорости до 0,18 м/с. Поверхностная скорость течения палеорек была не более 0,39 м/с, уклоны водного зеркала равнялись 0,06-0,21 м/км. Динамика потоков в подавляющем большинстве имела режим, переходный между ламинарным и турбулентным режимами осаждения ($0,1<x<1,0$), что отвечает сальтационному способу переноса с подчиненной ролью взвесей. По φ-критерию устойчивости русел (меньше 100 ед.), они относятся к слабоподвижным и, следовательно, не способным производить большую эрозионную работу, которая могла бы привести к масштабным изменениям гидрографической сети и рельефа. Диапазон зерен и высокая суммарная доля алевритов (больше 90%) указывают на отложение данных осадков в прибрежной полосе акватории озерных водоемов с преобладанием береговых и прибрежных фаций лимнической макрофации.

Таким образом, в Селенгино-Итанцинской впадине на протяжении периода от ермаковского времени позднего неоплейстоцена до границы с голоценом существовало несколько мелководных проточных озерных водоемов с примерно одинаковой гидродинамической ситуацией накопления осадков. Реки, транспортировавшие осадочный материал, за это время претерпели существенные изменения гидрологического режима – от равнинного до горно-грядового и снова равнинного типов. Данному факту соответствует фациальная природа двух основных макрофаций – речной (русловые и пойменные) и озерной (береговые и прибрежные фации). По мере приближения событий к финалу неоплейстоцена размер руслоформирующей фракции постепенно уменьшается, как и динамизм процесса седиментации, а также водности в целом, что напрямую связано с аридизацией климата в этот период.

Меделец Н.А.
Федеральное государственное бюджетное научное учреждение Всероссийский научно-исследовательский институт технической эстетики, г. Москва, Россия

ТЕХНОЛОГИЧЕСКИЙ АСПЕКТ ФОРМООБРАЗОВАНИЯ С УЧЕТОМ РЕМОНТОПРИГОДНОСТИ И ВТОРИЧНОГО ИСПОЛЬЗОВАНИЯ ЭЛЕМЕНТОВ, УЗЛОВ И АГРЕГАТОВ ЛЕГКОВОГО АВТОМОБИЛЯ

Medelets N.A.
Federal State Scientific Institution All-Russian Research Institute of Technical Aesthetics Moscow state university, Moscow, Russia

THE TECHNOLOGICAL ASPECT OF FORMATION WITH THE MAINTAINABILITY AND REUSE OF COMPONENTS, SUB-ASSEMBLIES AND ASSEMBLIES OF CAR

В статье рассматривается актуальная проблема автомобильного дизайна, связанная с ремонтопригодностью изделия и отдельных элементов в процессе его эксплуатации. На конкретных примерах демонстрируется, как и каким образом, происходит решение вышеупомянутой проблемы.

Ключевые слова: автодизайн, ремонтопригодность, новые технологии и материалы.

The article deals with the actual problem of automobile design - related products and maintainability of individual elements in the course of its operation. Using concrete examples show how and in what way autodesign can solve this problem.

Keywords: autodesign, repairing, new technologies and materials.

Одним из основных формообразующих факторов создания легковых автомобилей с учетом влияния технологий и материалов является фактор конструктивный, производственно-технологический. Унификация и агрегатирование плотно вошли в автомобильную отрасль, начиная с открытия конвейерной сборки. Еще в начале XX века вопрос быстрой замены неисправных узлов, частей и агрегатов был предложен Фордом. Тогда решение осуществлять быструю замену по блокам, используя принцип модульности, было инновационным. Естественно это сразу же отразилось на продажах марки, повысило ее популярность, поскольку были удовлетворены потребительские предпочтения в рамках эксплуатации автомобиля, время, затраченное на ремонт и замену отдельных деталей существенно сократилось. Более того, такие автомобили были еще и максимально функциональны и практичны при сравнительно низкой цене.

Современное массовое промышленное производство невозможно без автоматизации, унификации и типизации многих процессов. По своей сути автомобиль является сборной конструкцией, нередко собираемый на разных производственных участках. Сегодня многие производители пытаются сэкономить на комплектующих деталях и поэтому из модели в модель переходят одни и те же детали, иногда заменяясь на новые. Тоже самое происходит с платформами. Так, чтобы сэкономить на производстве, автопроизводители изготавливают на базе имеющихся платформ автомобилей новые модели. Следует отметить, что при этом одновременно решаются вопросы безопасности, ремонтопригодности и использовании вторичного сырья.

В наши дни известны некоторые разработки по решению вопроса использования вторсырья и ремонтопригодности. Так, очень примечателен один проект 2012г. выполненный студентом Junghan Lee из корейского Hong-ik University. Алюминиевый кузов транспортного средства CANI имеет простую конструкцию, выполнен из переработанных банок и сам может легко перерабатываться [1].

Еще одним из примеров может быть Citroen Cactus, концепт 2013 г. Наружные боковины этого автомобиля и бампера отделаны материалом Airbump – устойчивый к внешним повреждениям и имеющий пористую структуру, благодаря чему способен поглощать несильные удары [2].

В 2009 г. компания Fiat представила концепт Phylla, в состав кузова которого входят алюминий и биопластик, благодаря чему вес составляет всего 750 кг [3].

Таким образом, перспективы развития автомобильной отрасли тесно связаны с учетом таких особенностей как унификация, типизация отдельных узлов и деталей, упрощения процесса сборки изделия за счет модульности, использования вторичного сырья, как в конструкции, так и в отделке.

Литература

1. Hong-ik University 2012: проект CANI. Cardesign.ru // www.cardesign.ru . URL: http://www.cardesign.ru/articles/projects/2013/02/13/5603/ (дата обращения: 3.10.2013).
2. Citroen Cactus Concept. Cardesign.ru // www.cardesign.ru . URL: http://www.cardesign.ru/articles/newcars/2013/09/14/5752/ (дата обращения: 3.10.2013).
3. Fiat Phylla. Wikipedia // www.en.wikipedia.org . URL: http://en.wikipedia.org/wiki/Fiat_Phylla (дата обращения: 3.10.2013).

Искусствоведение

Авторы

Меделец Никита Александрович, кандидат искусствоведения, Федеральное государственное бюджетное научное учреждение Всероссийский научно-исследовательский институт технической эстетики, г. Москва, Россия. Сфера научных интересов: автодизайн, проектирование, инновационные технологии и материалы в области автомобилестроения, формообразование. Связь с автором: medelets@yandex.ru

Веселов С.И.
студент 4 курса специальности «История» ГБОУ ВПО «Сургутский государственный университет ханты-Мансийского автономного округа-Югры»

Труфанова Ж.Н.
доцент, к.и.н., зав. кафедрой истории России ГБОУ ВПО «Сургутский государственный университет ханты-Мансийского автономного округа-Югры»

ИСТОРИЯ ИЗУЧЕНИЯ СОЦИАЛЬНОЙ СТРУКТУРЫ ХАНТЫЙСКОГО ОБЩЕСТВА ПО МАТЕРИАЛАМ ГЕРОИЧЕСКИХ СКАЗАНИЙ В РОССИЙСКОЙ И ЗАРУБЕЖНОЙ ЛИТЕРАТУРЕ

История изучения различных аспектов существования аборигенного населения югорской земли насчитывает уже не одно столетие. Тщательному изучению были подвергнуты проблемы взаимоотношений с русскоязычным и тюркоязычным соседствующим населением; проблемы формирования системы управления на присоединенных к российскому государству территориях Сибири и, в частности, Югры; весьма разнообразные вопросы истории материальной культуры обско-угорских и самодийских народов. Отметим, что в большинстве таких исследований с большей или меньшей степенью описательности (даже не аргументации) фигурирует идея о неразвитости государственности у обских угров. Утверждение само по себе не вызывает особых споров. Единственное, чего ему не достает, так это стройной системы аргументированных положений о том, что же представляла собой и как формировалась социальная структура общества угорских народов, каковы были и на чем основывались взаимоотношения между слоями и/или группами населения и, возможно, какие причины внутреннего характера не позволили этому обществу развиваться в направлении оформления государства. Отсутствие четких положений объясняется спецификой источниковой базы для полного воссоздания исторической действительности. Такая ситуация свойственна для дописьменной истории народов мира, когда приходится полагаться на данные археологии, антропологии, ономастики, лингвистики, а также данные фольклористики. Именно в фольклоре отражаются морально-нравственные идеалы народа, его менталитет и этническая психология, а также довольно часто в устном народном творчестве и традиционном искусстве сохраняется память о различных исторических событиях, процессах, конкретных исторических личностях, сыгравших определенную роль в историческом прошлом данного народа. В этом смысле фольклорный материал также может играть роль своеобразного исторического источника [3,13].

Фиксация и изучение фольклора, начавшиеся еще с XIV-XVI вв., особенно активно велись в XIX в. венгерскими и финскими учеными (А. Регули, Й. Папай, К.Ф. Карьялайнен [13]). Их волновала тайна происхождения своего народа, и они надеялись найти ее разгадку в изучении языка, культуры и истории родственных народов. К середине XIX в. уже было установлено, что финны и венгры имеют в Сибири родственников по языку – ханты и манси [5; 9; 13].

Наиболее интересна интерпретация состояния общества ханты эпохи средневековья С.К. Патканова. Исследователь по результатам трехлетних поездок (1886-1888), в основном к южной группе ханты, опубликовал два больших очерка об их «древней жизни», а также две части работы «Иртышские остяки и их народная поэзия». Основным источником послужили записанные им и впоследствии опубликованные материалы фольклора. «Князья», – по мнению С.К. Патканова, – были тесно связаны с родовой аристократией и в прошлом, возможно, избирались из среды глав родов «были выбраны главами рода, благодаря своим особым доблестям и силе...случилось это, вероятно, в эпохи, предшествовавшие той, в которую слагались былины» [11,68]. Однако С.К. Патканов, отмечая, что образ правления остяцких князей имел сходство с «монархическим деспотическим», при этом не ссылается ни на какие конкретные сюжеты героических сказаний, былин, преданий, собиранию которых он посвятил так много времени.

При анализе общественных отношений обских угров, известный советский историк С.В. Бахрушин, использовал фольклорные данные, опубликованные С.К. Паткановым, некоторые литературные источники, а также архивные материалы. С.В. Бахрушин, опираясь на источники XIV-XVI вв., отчасти XVII в., а также материалы работ С.К. Патканова считал, что бывшие племена ханты объединялись в феодальные «княжества» с князьями во главе. По его мнению былины (героические сказания) показывают, что «остяцкие князья выступают в них с очень яркими чертами мелких феодалов, власть которых уже переросла власть племенных старшин, основанную на кровной родовой связи» [2,36]. Как нам кажется, С.В. Бахрушин явно преувеличивает значение выводов С.К. Патканова, полностью доверяя автору собранного в экспедициях фольклорного материала.

Несколько иначе трактует общественные отношения в среде ханты и манси З.Я. Бояршинова. По её мнению, ещё до присоединения Сибири к России у этих народов родовые отношения изжили себя. Социально-экономической единицей общества стала большая семья. З.Я. Бояршинова подчеркивает, что в угорском обществе XIII-XIV вв. последнюю ступень первобытно-общинного строя с возросшей властью родоплеменной знати [4,52]. Остяцкие былины и сказания характеризуют наличие имущественного неравенства, наследственную власть «князей» [4,50], но и ею не используя ссылки на тексты источников.

По мнению известного этнографа З.П. Соколовой, скорее всего, первобытная родоплеменная организация ханты уже находилась в стадии распада задолго до прихода русских в Сибирь (на юге на Иртыше – в XIII-XVI вв., севернее – в XV в.). Их общество переживало стадию военной демократии, военно-потестарного общества или «вождества», которая описана С.В. Бахрушиным [12,133-134].

Часть исследователей считала, что у ханты уже к приходу русских (XVI в.) родоплеменная организация разложилась, либо находилась в стадии разложения, а социальной единицей была семья и община (Бабаков В.Г. [1,75], Мартынова Е.П. [8,39]).

Косарев М.Ф. в своей монографии «Древняя история Западной Сибири: человек и природная среда» использовал археологические и фольклорные источники. Опираясь на экологический, палеоэтнографический и системный подходы, Косарев М.Ф. отмечает, что социальная структура, с ярко выраженной княжеской властью, описанной в героических сказаниях ханты, начала складываться с рубежа бронзового и железного веков (I тысячелетие до н. э.). Это связано, по его мнению, с выходом таежного населения на крупные западносибирские реки («большие дороги») и усилением связей с югом, где в это время возрастает спрос на пушнину [7,120].

В монографии А.В. Головнёва рассматриваются мифологические сюжеты, связанные с войнами и представлениями о земле, также часть духов-богов. Ссылаясь на С.К. Патканова, Головнев приходит к выводу о значении походов военных вождей ханты, описанных в героических сказаниях, что вероятно, главной целью подобных войн был не захват земель и даже богатств, а повышение политического статуса собственного городка-княжества. Отсюда то внимание, которое уделяется в фольклоре обустройству крепостей, внутригородским приготовлениям к походам или обороне от врагов [6,143].

Реконструкция социальной структуры ханты XIV-XVI вв. по материалам героических сказаний, былин, преданий предпринятая исследователями, проводилась, главным образом, в рамках традиционного для советской науки – этногенетического направления, то есть всегда присутствовал вопрос происхождения. Обращение к методу типологических реконструкций, используемый для дисциплин антропологического цикла, к которому, как утверждает С.Ю. Неклюдов, относится и фольклористика [10], поможет более глубоко и детально характеризовать процессы взаимоотношений между социальными слоями внутри хантыйского общества.

Литература

1. Бабаков В.Г. Кризисные этносы. / В.Г. Бабаков; отв. ред. А.А. Панарин. М.: Ин-т философии, РАН, 1993. 183 с. – Режим доступа: http://mirknig.com/knigi/guman_nauki/1181528709-krizisnye-etnosy.html
2. Бахрушин С.В. Остяцкие и вогульские княжества в XVI-XVII веках. / С.В. Бахрушин. М.: Изд-во Ин-та народов Севера, 1935. 85 с. – Режим доступа: http://mirknig.com/knigi/history/1181291784-ostyackie-i-vogulskie-knyazhestva-v-xvi-xvii-vekax.html
3. Белых С.К. История народов Волго-Уральского региона. / С.К. Белых. Ижевск, 2006. 129 с.
4. Бояршинова З.Я. Население Западной Сибири до начала русской колонизации. / З.Я. Бояршинова; ред. И.М. Разгон. Томск: изд-во Томского университета, 1960. 149 с. – Режим доступа: http://mirknig.com/knigi/history/1181389253-naselenie-zapadnoy-sibiri-do-nachala-russkoy-kolonizacii.html
5. Волдина, Т.В. Хантыйский фольклор: история изучения / Т. В. Волдина; отв. ред. Н. В. Лукина. Томск: Изд-во Томского университета, 2002. 255 с.
6. Головнев, А. В. Говорящие культуры: традиции самодийцев и угров / А. В. Головнев. Екатеринбург, 1995. 607 с.
7. Косарев, М.Ф. Древняя история Западной Сибири: человек и природная среда / М.Ф. Косарев. М.: Наука, 1991. 302 с.
8. Мартынова, Е.П. Очерки истории и культуры ханты / Е. П. Мартынова; Отв. ред. сер. С.В. Чешко; Ин-т этнологии и антропологии. М.: 1998. 235 с.
9. Народы Западной Сибири: Ханты. Манси. Селькупы. Ненцы. Энцы. Нганасаны. Кеты / отв. ред.: И. Н. Гемуев [и др.]. М.: Наука, 2005. 804 с.
10. Неклюдов С.Ю. Гуманитарные знания и народная традиция / Гуманитарные и социальные науки. Публичные лекции. Фольклор. 2008, 17 января. Режим доступа: http://polit.ru/article/2008/01/17/folklor/
11. Патканов, С. К. Сочинения в 2 т. Т. 2. Очерк колонизации Сибири / С. К. Патканов; Сост.: Ю. Л. Мандрика; под ред. С. Г. Пархимовича. Тюмень: Изд-во Ю. Мандрики, 1999. 320 с.
12. Соколовой З.П. Социальная организация ханты и манси в XVIII-XIX вв. / З.П. Соколова; отв. ред. В.А. Александров. М.: Наука, 1983. 322 с.
13. Энциклопедия уральских мифологий. Т. 3. Мифология ханты / Авт. коллектив: В. М. Кулемзин, Н. В. Лукина, Т. Молданов, Т. Молданова; Науч. ред. В. В. Напольских; Рук. авт. коллектива В. М. Кулемзин. Томск: Изд-во Том. ун-та, 2000. 304 с.

Лозбина Н.В.
ассистент курса глазных болезней ГБОУ ВПО «Алтайский государственный медицинский университет» МЗ РФ, г.Барнаул
Molniya86@mail.ru
Лазаренко В.И.
доктор медицинских наук, профессор кафедры офтальмологии КрасГМУ имени профессора В.Ф. Войно- Ясенецкого МЗ РФ, г. Красноярск МЗ РФ
Степанова З.П.
заведующая первым микрохирургическим отделением КГБУЗ "Городская больница №8", г. Барнаул

СТРУКТУРА И ИСХОДЫ РОГОВИЧНЫХ РАНЕНИЙ В АЛТАЙСКОМ КРАЕ

Большую часть пациентов с травмами глаза составляют молодые мужчины, в большинстве случаев поражается передний сегмент глаза [1, 3658]. В структуре глазного травматизма поражения роговицы и их последствия составляют более 30 % [2, 302]. В связи с разнообразием травматических повреждений роговицы прогноз в отношении зрительных функций зависит от тяжести повреждения, наличия осложнений, может быть как крайне неблагоприятным, так и благоприятным. Последствия ранений роговицы достаточно часто являются причиной стойкой утраты остроты зрения. Поскольку эффективность лечения травматических поражений роговицы оценивается по степени восстановления зрительных функций, а они в свою очередь зависят от исхода заболевания (образования помутнений различной степени выраженности, рубцов), мы решили провести анализ эффективности лечения роговичных ранений различной степени выраженности.

Цель исследования: проанализировать зависимость частоты развития различных исходов ранений роговицы от тяжести её повреждения.

Материалы и методы: произведена выкопировка данных 117 историй болезни взрослых пациентов 18-85 лет с роговичными ранениями, находящихся на стационарном лечении в краевом офтальмотравматологическом центре (Алтайский край, г. Барнаул). Острота зрения с коррекцией до травмы составляла 1,0 у всех пациентов. Составлена сводная таблица исходов ранений роговицы по степени выраженности её помутнения. Рассчитаны относительные показатели и проведен анализ эффективности лечения. Все пациенты были разделены на 4 группы.

Таблица 1. Распределение пациентов по группам в зависимости от вида ранения.

Группа	Количество глаз	%	Характер травмы
I	29	24,8	Непроникающие ранения роговицы
II	25	21,4	Адаптированные ранения роговицы
III	24	20,5	Проникающие ранения роговицы с повреждением радужки, без повреждения хрусталика
IV	39	33,3	Проникающие ранения роговицы со значительны повреждением радужки, хрусталика, выпадением стекловидного тела и развитием посттравматической катаракты

Пациенты получали антибактериальную, десенсибилизирующую, кератопластическую терапию, по показаниям производились первичная хирургическая обработка ран, профилактика столбняка.

Результаты и обсуждение. Исходы роговичных ранений (степень выраженности помутнений) представлены в таблице 2.

Таблица 2. Степень выраженности помутнения роговицы в исследуемых группах, абсолютное число глаз (% ± m)

Показатель	Помутнение роговицы (исходы)			
Исследуемая группа	Число глаз	Облачковидное	Пятно	Бельмо
I	29 (24,8 ±3,99)	11 (38 ±9,01)	18 (62 ±9,01)	-
II	25 (21,4 ±3,8)	-	25 (100)	-
III	24 (20,5 ±3,73)	-	20 (83,3±7,6)	4 (16,7±7,6)
IV	39 (33,3 ±4,3)	-	28 (71,8±7,2)	11(28,2±7,2)
Всего	117	11 (9,4%±2,7)	91 (77,8±3,8)	15(12,8±3,08)

Пациенты первой, второй и третьей групп встречались примерно с одинаковой частотой (24,8%, 21,4%, 20,5% соответственно). Наиболее благоприятны в прогностическом плане непроникающие ранения роговицы (первая группа), 38% случаев закончились образованием облаковидного помутнения, в 62% формированием рубца. В первой группе в 69% отмечено полное восстановление зрительных функций, в 31% случаев отмечено снижение остроты зрения, что, вероятно, было обусловлено расположением рубца или помутнения.

Во второй группе исходы оказались менее благоприятны, полное восстановление зрительных функций наблюдалось лишь у 36% пациентов, в 48% острота зрения составила 0,4 - движение руки.

В третьей группе в 83,3% исходом травмы роговицы явилось образование стойкого помутнения (пятна), в 16,7%- образовани бельма. В 4,2 % случаев зрение снизилось до светоощущения.

Чаще всего встречались пациенты четвертой группы (33,3%), ранения роговицы в этой группе сопровождались развитием травматической катаракты, в 5,1% отмечено полное восстановление зрительных функций, в 7,7% снижение остроты зрения до 0,9-0,5 в связи с развитием локальной катаракты, наиболее часто острота зрения снижалась более до 0,4-0,1 и до светоощущения (48,7% и 38,5% соответственно).

Наиболее часто ранения роговицы во всех группах сопровождались выраженным помутнением роговицы и снижением зрительных функций.

Выводы:

• Выраженность роговичного помутнения и рубца зависит от характера травмы, глубины, расположения, протяженности, обширности раны.

• Исходы ранений роговицы чаще сопровождаются значительным стойким снижением остроты зрения, что связано с формированием рубца в оптической зоне, развитием роговичного астигматизма, повреждением внутриглазных структур.

• Необходим поиск новых препаратов, влияющих на репарационные свойства роговицы, поскольку прогноз в отношении остроты зрения напрямую зависит от интенсивности помутнения, особенности рубцевания раны роговицы в исходе травмы.

Использованная литература:

1. Кристофер Дж. Рапутано, Ви-Джин Хенг\\Роговица.-2010.
2. Robinson Matthew J., Tessier Philippe, Poulsom Richard, Hogg Nancy\\ Cell. J. Biol. Chem.- 2002.-Vol. 227, №5.

Аветиков Д.С., Ставицкий С.А., Яценко И.В., Локес Е.П., Данильченко С.И.

Аветиков Д.С. – д.мед.н., профессор заведующий кафедры ВГУЗУ «Украинская медицинская стоматологическая академия», г. Полтава

Ставицкий С.А. – к.мед.н., ассистент кафедры ВГУЗУ «Украинская медицинская стоматологическая академия», г. Полтава

Яценко И.В. – к.мед.н., доцент кафедры ВГУЗУ «Украинская медицинская стоматологическая академия», г. Полтава

Данильченко С.И. - к.мед.н., доцент кафедры ВГУЗУ «Украинская медицинская стоматологическая академия», г. Полтава

svetlana_danilch@mail.ru

КЛИНИКО-МОРФОЛОГИЧЕСКОЕ ОБОСНОВАНИЕ СОВРЕМЕННЫХ МЕТОДОВ РИНОПЛАСТИКИ С ИСПОЛЬЗОВАНИЕМ МЕСТНЫХ ТКАНЕЙ

Тотальные и субтотальные дефекты наружного носа представляют собой актуальную и сложную задачу для пластических хирургов [3, 5, 11, 12]. Кожно-фасциальные лоскуты с кожи лба, щек, височной и подглазничной областей формируемые на широкой питающей ножке относятся к давно применяемым и хорошо изученным видам лоскутов, применяемых для ринопластики [1, 4, 6, 10].

Однако, до настоящего времени не существует унифицированного подхода к области лба, как к донорской зоне артеризированных лоскутов [2, 7, 8]. Недостаточными также являются морфологические характеристики ангиоархитектоники основных питающих кровеносных сосудов данного региона [3, 9, 11].

Морфологические исследования были проведены на 26 нефиксированных трупах взрослых людей различного пола и возраста. Использовались методы послойной анатомической препаровки (6), инъекция кровеносных сосудов тушью с желатиной с последующей препаровкой и подъемом артеризированных лоскутов (8), контрастная ангиография (5), наливка артериального русла самополемиризирующейся пластмассой с последующей физической, химической и биологической коррозией (7).

В клиническом разделе исследования объектами наблюдения были 18 пациентов с тотальными и субтотальными дефектами носа, которым были выполнена ринопластика артеризированными лоскутами со лба.

Послеоперационный мониторинг осуществлялся с использованием платизмографии и тепловизорных проб.

Топографо-анатомические исследования, выполненные нами, преследовали цель дать морфологическую характеристику ангиоархитектоники основных питающих сосудов кожи лба, их пространственную взаимосвязь, а также отработать оптимальную методику выкраивания, мобилизации и подъема лоскутов с включением осевых питающих сосудов.

Наиболее объективную характеристику пространственного устройства сосудов изучаемого региона мы получили на анатомических коррозионных препаратах.

В ходе морфологических исследований нами установлено, что конечные ветви поверхностной височной артерии: лобная ветвь, а также надблоковая и надглазничная артерия надежно кровоснабжают кожу лба как за счет осевых стволов, так и за счет обширной сети артерио-артериальных анастомозов, что позволяет выкраивать кожно-фасциальные лоскуты со лба с надежным их кровоснабжением и использовать для пластики обширных дефектов наружного носа.

Для устранения тотальных дефектов хрящевой части носа, в том числе сочетающихся с отсутствием кожи над носовыми костями, был использован скальпированный лоскут с кожи лба с учетом сохранения основных питающих сосудов.

Ориентиром для выбора места проведения разреза послужила поверхностная височная артерия, определяемая пальпаторно при пульсации, которая должна находиться на 1-1.5 см кпереди от места рассечения кожи. Сдвигание скальпа вниз прекращают после того, как кожная площадка лобной части лоскута достигнет уровня ротовой щели.

Для замещения дефектов хрящевого отдела носа (крылья, кончик, перегородка) нужен относительно небольшой лоскут со лба, медиальная граница которого должна проходить, как правило, на 1-1.5 см кнутри от среднезрачковой линии. Верхние отделы внутренней выстилки формируют из оставшейся части спинки носа, опрокидывая ее на 180 сохраняя при этом соединительнотканную артеризированную питающую ножку. Нижние отделы внутренней выстилки создают по общепринятой методике, подворачивая края кожного лоскута со лба.

Показания к такой пластической операции во много зависят от состояния окружающих тканей и причины, вызвавшей образование дефекта носа. В тех случаях, когда дефекты носа возникают после удаления по поводу плоскоклеточного рака, восстановительный этап откладывают на 1-1,5 года, чтобы иметь возможность наблюдать за раневой поверхностью и своевременно обнаружить, возможно спонтанный продолженный рост опухоли. У больных, которым была проведена дистанционная лучевая терапия, нецелесообразно использовать для внутренней выстилки ткани, окружающие грушевидное отверстие, а обе эпителизированные поверхности носа – наружную и внутреннюю – лучше сформировать из кожи лба. Кожный лоскут, предназначенный для создания наружной части носа, выкраивают в боковых отделах лба в пределах указанных выше ориентиров. Медиальный край лоскута является в этом случае одновременно наружной границей другого кожного лоскута, который выкраивают в виде буквы «П» на ветвях надглазничных сосудов и опрокидывают вниз на 180 для создания внутренней выстилки носа. При смещении этого кожного лоскута на дефект, нижний край его должен располагаться на середине нижнего носового хода. Оба кожных лоскута после их перемещения имеют независимое осевое кровообращение, поэтому хорошо срастаются друг с другом даже при развитии постлучевых дегенеративных процессов по краю дефекта.

Вторичная деформация в этом случае не бросается в глаза, так как фактически половину кожи центрального лоскута возвращают на место после отсечения питающих ножек.

При необходимости удалить наружный нос при распространенной, рецидивирующей форме базалиомы, пластическую операцию можно произвести одновременно с разрушающей, если хирург уверен в необходимости радикального удаления новообразования.

Морфологические характеристики ангиоархитектоники питающих сосудов кожи лба полученные в результате топографо-анатомических исследований позволили отработать оптимальную методику выкраивания кожно-фасциального лоскута из кожи лба с надежным кровоснабжением используемого для ринопластики.

В предложенных ранее модификациях выкраивания лоскутов из кожи лба не учитывались особенности ангиоархитектоники данного региона.

Таким образом, преимущества пластики носа артеризированными лоскутами со лба заключаются не только в быстром устранении с хорошим косметическим и фуницональным эффектом, но также в том, что с помощью лоскутом с осевым кровообращением удается сформировать нос у больных с резко нарушенными условиями микроциркуляции в зоне дефекта и которым восстановительные операции ранее считались нецелесообразными.

Литература

1. Абушкина В.Г. Закрытие обширных гнойных ран у детей методом дозированного мягкотканного растяжения: Дисс. канд. – Уфа. – 2002.
2. Бегун П.И., Шукейло Ю.А. Биомеханика. СПб.: Политехника, 2000. –463 с.
3. Буланкина И.А., Лебединский В.Ю. и др. Совершенствование способов диагностики, оценки границ повреждения структур кожи при различных видах воспаления // Морфология. – С.Петербург. –2002. – Т. 121, № 2-3. – С. 27-28.

4. Григорян С.С, Регирер С.А. Биомеханика и некоторые общие вопросы биологии // Тезисы докладов третьей Всесоюзной конференции по проблемам биомеханики. – Рига, 1983. – Т.1. – С. 6-7.
5. Гурьянов А.С. Применение аллосухожильного шовного материала при пластических операциях на лице: Автореф. Дис. ... канд. мед. наук. – СПб., 1993. – 17 с.
6. Каган И. И. Соединительнотканные структуры органов в аспекте микрохирургии // Морфология. - С. Петербург. – 2002. – Т. 121, № 2-3. – С. 60-61.
7. Мулдашев Э.Р., Муслимов С.А., Нигматуллин Р.Т. и др. Регенеративная хирургия на основе трансплантационных технологий аллоплант // Морфология. - С. Петербург. – 2002. – Т. 121, № 2-3. – С. 109.
8. Нигматуллин Р.Т., Габбасов А.Г., Кийко М.Ю. и др. Лицо человека: аспекты хирургической и функциональной анатомии // Морфология. - С.Петербург. – 2002. – Т. 121, №2-3. – С. 113.
9. Савельев В.И., Корнилов Н.В., Калинин А.В. Актуальные проблемы трансплантации тканей. - СПб.: МОРСАР, 2001. – 152 с.
10. Ставицкий С.А. О диагностике и хирургической коррекции рубцов головы и шеи / С.А. Ставицкий, Д.С. Аветиков, С.Б. Кравченко // Український стоматологічний альманах. – 2011. – № 6. – С. 50-52.
11. Титков С.К., Колесников Л.Л. Хирургическая анатомия сосудисто-нервных пучков затылочной области // Морфометрические ведомости. - Москва - Минск. – 2002. – № 3-4. – С. 56-59.
12. Ali-Salaam P; Kashgarian M; Davila J; Persing Anatomy of the Caucasian alar groove // Plast. Reconstr. Surg.- 2002.- Vol.110, №1. – P. 261-266.

Досаев Т.М.
профессор, д.м.н., Казахский национальный медицинский университет
им. С.Асфендиярова (Казахстан, Алматы), tdosaev@inbox.ru
Байгамысова Д.С.
Казахский национальный медицинский университет
им. С.Асфендиярова (Казахстан, Алматы)
Балапанова А.А.
Казахский национальный медицинский университет
им. С.Асфендиярова (Казахстан, Алматы)

СРАВНИТЕЛЬНАЯ МИКРОАНАТОМИЯ НОРМАЛЬНОЙ СЕЛЕЗЕНКИ ЧЕЛОВЕКА И КРЫСЫ

Не смотря на существенные успехи в исследовании органов иммунной системы, до настоящего времени все еще существует много запутанного вокруг морфологии и функции селезенки человека [1,215; 2,797].
Это объясняется рядом причин. Селезенка крайне чувствительна к аутолизу, что затрудняет понимание полученного после смерти аутопсийного материала. Также большая проблема в трактовке и определении нормального строения селезенки связана с тем, что не всегда известно какие болезни, затрагивающие функцию иммуногенеза, перенес человек на протяжении жизни и какие антивирусные прививки получал в детстве. Другая проблема состоит в том, что селезенка быстро сжимается после смерти в связи с тем, что давление в селезеночной вене и во всей портальной системе резко падает и морфологическое описание срезов такой селезенки не соответствует строению ее в живом организме. Поэтому наилучший метод получения срезов селезенки для сохранения ее нативной структуры состоит в перфузии вены спавшейся селезенки фиксатором под большим давлением до восстановления нормального размера органа.

Другим проявлением неадекватного представления структуры человеческой селезенки является используемая терминология определения. Как правило, эти термины и определения происходят из исследований на животных, тогда как селезенка человека не имеет идентичную структуру с селезенкой животных [3,777].

В связи с этим нами была поставлена цель определить основные видовые отличия в морфологии селезенки человека и крысы, как наиболее используемого в различных экспериментах животного.

Материал и методика

Для исследования морфологии селезенки крыс был взят материал от шести половозрелых здоровых, прошедших карантин, животных, забитых декапитацией.
Исследования морфологии селезенки человека проводилось на материале, взятом на аутопсии от шести людей погибших от травм не совместимых с жизнью.
Парафиновые срезы окрашивались гематоксилин и эозином, а также азур-2 и эозином.

Результаты исследования

Самым основным отличием человеческой селезенки от селезенки животных является отсутствие вокруг артериол периартериолярной лимфоидной муфты и маргинального синуса. Пульпарные артерии не сопровождаются коллагеновыми волокнами, но вокруг них присутствует лимфоидная ткань, уменьшающаяся по мере деления на артериолы и капилляры. В связи с отсутствием маргинального синуса в селезенке человека, который у животных является границей между мантийной и маргинальной зонами, весьма трудно отдифференцировать мантийную зону лимфоидного узелка от маргинальной зоны, что приводит к путанице в определении термина маргинальная зона.

Так, J. Krieken, J. TeVelde[3,782] предложили обозначать пограничное пространство между красной и белой пульпой как «перифолликулярную зону», а термин «маргинальная зона» для единственной селезеночной структуры, которая всегда и эксклюзивно присутствует вокруг небольших IgD и IgM-позитивных лимфоцитов мантийной зоны или«короны», что на наш взгляд наиболее приемлемо при описании морфологии селезенки в норме и патологии. Тогда как получившие распространения в литературе понятия «внутренняя маргинальная зона» и «наружная маргинальная зона», подразумевающая перифолликулярную зону, вносят диссонанс в определении нормального строения паренхимы селезенки.

По всей паренхиме селезенки в красной пульпе наблюдаются локальные уплотнения ретикулярных волокон без сосудов, образованных после посмертного коллапса селезенки в связи с резким падением давления венозной крови в портальной системе. Особенностью строения капилляров селезенки является наличие на терминальном конце структур, специфичных только для селезенки и называемыми различными исследователями по разному: капилляры в оболочке (hulsekapillaren), эллипсоиды (sheathofSchwegger-Seidel), периартериальная макрофагальная оболочка, макрофагальные эллипсоиды, эллипсоидные макрофагально-лимфоидные муфты, эллипсоидные артериолы и т.д. У человека они присутствуют только в красной пульпе и перифолликулярной зоне. Эти оболочки (эллипсоиды) капилляров состоят только из мононуклеарных фагоцитов. Эндотелиальный слой окончаний этих капилляров заканчивается концентрически расположенными вокруг макрофагами.

Более четко все вышеназванные структуры определяются в селезенке крыс, имеющих все компоненты иммунного аппарата, характерного для селезенки всех видов млекопитающих.

Литература

1. Klatt E. Robbins and Cotran Atlas of Pathology. Florida State University .-2010.-С.-215
2. Cesta M.F. Normal Structure, Function and Histology of the Spleen//Toxicologic Pathology.-2006.-vol.-34.-5.-795-804
3. J. Krieken, J. Velde. Normal histology of the human spleen//American Journal of surgical pathology.-1988.-12.С.-777-785

Имашев М.С.
докторант кафедры общей хирургии
АО «Медицинский университет Астана», Казахстан.
Фурсов А.Б.
доктор медицинских наук, профессор кафедры общей хирургии
АО «Медицинский университет Астана», Казахстан

КРИТЕРИИ ЭФФЕКТИВНОСТИ ЭНДОСКОПИЧЕСКОГО ЛЕЧЕНИЯ ЭРОЗИВНО-ЯЗВЕННОЙ ПАТОЛОГИИ ЖЕЛУДОЧНО-КИШЕЧНОГО ТРАКТА

Распространенность гастроэнтерологических заболеваний (язвенной болезни желудка и двенадцатиперстной кишки, гастроэзофагеальнорефлюксной болезни, холецистита, панкреатита, синдрома раздраженного кишечника, колита, злокачественных новообразований ЖКТ) среди взрослого населения за последние годы существенно увеличилась, что выдвинуло данную патологию на ведущие ранговые позиции среди других групп болезней.

Цель работы: Обоснование выбора инструментов, методики подсчета показателей качества жизни у больных эрозивно-язвенной патологии желудочно-кишечного тракта (ЖКТ) в качестве критерия эффективности эндоскопического лечения.

Как известно, к наиболее перспективным направлениям применения методов исследования качества жизни в гастроэнтерологии относятся следующие:
- оценка влияния заболевания на основные составляющие жизнедеятельности больного;
- разработка прогностических моделей течения и исхода заболевания;
- оценка эффективности отдельных лекарственных препаратов и схем лечения больных с хроническими гастроэнтерологическими заболеваниями;
- проведение фармакоэкономических расчетов с учетом таких показателей, как стоимость-полезность, стоимость-эффективность и др. Для поиска наиболее приемлемого варианта опросника были проведены выборочные тест-опросы среди больных основной и контрольной группы с эрозивно-язвенной гастродуоденальной патологией (1 - эрозивные гастродуодениты, 2- язвенная болезнь желудка и двенадцатиперстной кишки, пациенты с кровотечением в анамнезе из пищевода, желудка, дуоденума, 3 - прооперированные с перфоративными язвами за последние 3 года). Все больные обследованы в амбулаторных условиях с применением случайной выборки. Всего 210 человек, по 30 пациентов в каждой указанной нозологической подгруппе группе.

С учетом преимуществ и недостатков каждого из вариантов опросника, а также специфичности диагностических шкал было выявлено следующее. Наиболее приемлемым в работе с больными в предоперационном периоде является *специальный* опросник, используемый для учета только одной патологии. Так, например, при язвенной болезни желудка можно достаточно четко оценить состояние больного в период обострения или ремиссии. В тоже время при наличии сопутствующей патологии или иного заболевания ЖКТ возможно снижение достоверности оценки состояния больного. Не исключена при этом вероятность искажения общей картины качества жизни (КЖ) [1].

С учетом результатов проведения данного пилотного тестирования среди наблюдаемых пациентов выявилась однозначная тенденция в оценке привлекательности и простоты понимания для больного опросника шкалы общего здоровья под шифром SF-36. В то же время, по мнению группы хирургов из 10 человек для врача хирургического стационара наиболее удобным, оказался так называемый «специальный опросник». Однако, при этом специалистами были высказаны замечания по сложности и неоднозначности в интерпретации полученных результатов у больных в раннем и позднем послеоперационном периодах. Поэтому, проанализировав каждый из перечисленных выше опросников, был сделан окончательный выбор. Для оценки *общего* состояния прооперированного больного принято решение использовать SF – 36. Из *специальных* опросников был выбран гастроэнтерологический опросник (GSRS) как наиболее адаптированный для данного научного исследования состояния больных в послеоперационном периоде с эрозиями и язвами слизистой пищевода, желудка, двенадцатиперстной кишки. Анализ оценочного коэффициента показал его достоверность – около 95%. Кроме этого GSRS (англ. – Gastrointestinal Symptom Rating Scale) показал высокий уровень специфичности и чувствительности в отношении гастродуоденальной патологии. Особенно у больных с высоким риском эрозивно-язвенного повреждения гастродуоденальной слизистой, в том числе у лиц прооперированных по поводу абдоминальной патологии. При изучении состояния больных (в дооперационном периоде и после операции) считали важным соблюдать принцип преемственности, при котором стандартизация исследования «внутренней картины» заболевания обеспечивает получение важной информации о больном:
1. Пациент оценивает свое состояние с помощью унифицированного инструмента исследования, становясь при этом более активным участником диалога с врачом.
2. Врач получает возможность наблюдения за динамикой субъективной картины заболевания.
3. На различных этапах оказания медицинской помощи используется стандартная методика оценки субъективных переживаний больного, позволяющая обеспечить преемственность в лечении пациента.
4. Обеспечивается полноценность индивидуального мониторинга состояния больного с оценкой ранних и отдаленных результатов лечения.

Инструменты оценки КЖ были разделены на три основных типа, каждый из которых по некоторым литературным данным имеет свои недостатки и преимущества [2]. Для выбора наилучшего варианта опросника в целях изучения качества жизни у послеоперационных больных с поражениями слизистой верхних отделов ЖКТ был проведен анализ различных типов шкал [3]. С другой стороны в раннем послеоперационном периоде наиболее приемлемым для оценки состояния ЖКТ и выраженности абдоминального синдрома у прооперированных больных оказался IBDQ (Inflammatory Bowel Disease Questionnaire), имеющий по нашим данным лучший показатель достоверности - 97%.

Таким образом, полученные результаты по исследованию возможного применения указанных опросников в данной работе свидетельствуют о высокой степени их достоверности, что не противоречит сведениям из литературных источников [4]. Причем имеющиеся незначительные расхождения при оценке состояния больных связаны в большей степени с характером имеющейся патологии и наличием хирургических осложнений, а также периодом заболевания, в котором заполняется анкета. Выявлена определенная корреляция результатов и оценок при использовании различных шкал, указывающая например, на тенденцию одновременного повышения КЖ по двум шкалам - как SF-36, так и GSRS. Или на параллельное снижение оценок у обеих шкал.

В итоге можно резюмировать, что в условиях раннего послеоперационного периода при наличии абдоминальных нарушений более специфичным в оценке состояния кишечника, абдоминального болевого синдрома, изменения стула и т.д. оказался опросник IBDQ. Состояние больного и его оценка КЖ при этом отличались от уровня, рассчитанного по SF-36 и GSRS. Тем не менее, указанные оценочные методы использованы в настоящей работе как основные с соответствующей интерпретацией выводов, с учетом каждого конкретного клинического случая, всесторонним анализом и последующим сравнением результатов.

Список литературы

1. Новик А.А., ИоноваТ.И., Кайнд П. Концепция исследования качества жизни в медицине. — СПб.: «Элби», 1999. — 140с.
2. Borgaonkar E., Irvine E.J. Quality of life measurement in gastrointestinal and liver disorders //Gut. - 2000 . - Vol. 47, №3. — P. 444-454.
3. Ngo-Metzger Q, Sorkin DH, Mangione CM, Gandek B, Hays RD. Evaluating the SF-36 Health Survey (Version 2) in Older Vietnamese Americans//*Journal of Aging and Health,* [Epub April 1 2008], Vol. 20, No. 4, June 1 2008, pp. 420-436.
4. Andrews F.M., Withey S.B. Social Indicators of well-being: Americans Perceptions of Life Quality. — New-York: Plenum Press, 1976.— 220 p.

Шайзадина Ф.М., Пак А.С., Алышева Н.О., Бейсекова М.М., Мендибай С.Т., Абуова Г.Т., Кутышева А.Т., Молдакулов Б.Т.

СТРУКТУРА ГНОЙНЫХ ВОСПАЛИТЕЛЬНЫХ ЗАБОЛЕВАНИЙ

На протяжении многих лет в структуре внутрибольничных инфекций (ВБИ) ведущее положение занимают гнойно-септические инфекции (ГСИ), возбудителями которых являются условно-патогенные микроорганизмы (УПМ). ГСИ осложняют до 30% всех хирургических вмешательств и являются непосредственной причиной смерти у каждого 12 пациента с этой патологией [1, 5; 2, 45].

По данным литературы проблема остается нерешенной, что обусловлено высокой хирургической агрессией оперативных вмешательств и неизбежно возникающим иммунодефицитом, которые создают предпосылки для возникновения и тяжелого течения ГСИ. Поэтому их своевременная диагностика, лечение и профилактика являются первоочередными задачами, стоящими перед здравоохранением [3,101; 4, 810; 5, 722].

Нами проведен ретроспективный анализ 5202 историй болезней по архивным данным, в результате, которого выявлено 267 (71,4%) больных с ГСИ. Путем проспективного изучения клинического материала, выявлено 107 (28,6%) больных с гнойными осложнениями. Проанализировано 4900 протоколов оперативных вмешательств на органах брюшной полости. Гнойно-септическая инфекция отмечена у 374 больных, среди них было 212 (56,7%) мужчин, большинство из них были в возрасте от 15 до 50 лет. Женщин 162 (43,3%) и наиболее высокая заболеваемость регистрировалась в возрастных группах от 51 лет и старше. Интенсивный показатель заболеваемости составил 7,6 от всех оперированных больных.

Из 374 ГСИ в 24 наблюдениях осложнения были выявлены по косвенным признакам: развитие воспалительных инфильтратов, заживление операционной раны вторичным натяжением, местное применение антисептиков и по другим признакам.

Частота гнойно-септических осложнений в зависимости от объема выполненных хирургических вмешательств показал, что гнойные осложнения чаще всего регистрируются после аппендэктомии, холецистэктомии, лапаротомии и ушивании повреждений полых органов брюшной полости (12,1; 8,7 и 8,1 соответственно). Реже - при грыжесечении ущемленных грыж, интенсивный показатель которых составил 3,3.

Анализ структуры эпидемического процесса по основным проявлениям ГСИ установил, что гнойные осложнения у хирургических больных проявлялись в виде различных форм: нагноение ран, расхождение краев раны, абсцессы в брюшной полости, инфильтрат в области раны, перитонит, сепсис и сочетанные осложнения.

Зачастую регистрировались нагноение раны 4,4±0,3, затем расхождение краев раны и абсцессы в брюшной полости. Интенсивность эпидемического процесса, представленная этими формами, соответственно равна 1,0±0,1 и 0,9±0,1. Генерализованная форма ГСИ отмечается у 5 больных, частота ее возникновения составила 0,1±0,04.

По удельному весу среди всех гнойно-септических осложнений послеоперационного периода данные клинические формы распределились соответственно частоте их возникновения. На нагноение послеоперационной раны приходится более половины всех форм ГСИ 57,5%. Удельный вес расхождения краев раны составило 12,8%, абсцессов в брюшной полости 11,2%. Удельный вес генерализованной инфекции самый низкий 1,3%.

Для нас большой интерес представляло изучение уровня заболеваемости послеоперационных гнойно-септических осложнений среди пациентов жителей города и села. Установлено, что число оперативных вмешательств у пациентов, проживающих в городе, составило 3347, из них у 232 больных зарегистрировано ГСИ. Число операции у жителей из села равно 1553 и у 142 из них возникли гнойные осложнения. Среднемноголетний показатель заболеваемости ГСИ у жителей города составил 69,3; у жителей из села - 91,4. Критерий достоверности $t=-20,8$; $p<0,001$. Следовательно, у пациентов жителей села заболеваемость в 1,3 раза выше, чем у пациентов, проживающих в городе. Это объясняется поздней обращаемостью и госпитализацией больных, несвоевременным оказанием специализированной медицинской помощи. Все это способствует тому, что больные поступают в осложненной форме течения болезни, тем самым увеличивается продолжительность оперативного вмешательства и время пребывания больного на стационарном лечении.

Пациентам были выполнены следующие виды хирургических вмешательств на органах брюшной полости: аппендэктомия, холецистэктомия, ушивание перфоративной язвы желудка и двенадцатиперстной кишки, лапаротомия при повреждении органов брюшной полости, лапаротомия при острой кишечной непроходимости и грыже сечение при ущемленных грыжах. экстренные операции были проведены в 4,5 раза чаще, чем плановые. Чаще всего в экстренном порядке оперируются больные с аппендицитами, далее – по поводу повреждений органов брюшной полости, затем - ущемленных грыжах.

Установлено, что гнойные послеоперационные осложнения увеличивают продолжительность пребывания больных на стационарном лечении в 2,2 раза. Так, выявлено, что срок пребывания больных в стационаре оперированных по поводу холецистэктомии самый длительный и составил при гнойном осложнении 38,2±0,8 дней, без осложнения 15,4±0,6. Затем по продолжительности пребывания в стационаре были больные, оперированные по поводу лапаротомии при повреждении органов брюшной полости 32,7±0,8 и 16,2±0,6 соответственно. Больные после ушивания перфоративной язвы желудка и двенадцатиперстной кишки 29,8±0,8 и 14,8±0,6 дней, лапаротомии при острой кишечной непроходимости 29,4±0,8 и 29,4±0,8 дней, грыжесечении при ущемленных грыжах 28,9±0,8 и 14,2±0,6 и при аппендэктомии 22,4±0,7 и 8,9±0,5 соответственно.

Анализ частоты оперативных вмешательств в зависимости от вида операции установил, что экстренные операции были проведены в 4,5 раза чаще, чем плановые. Чаще всего в экстренном порядке оперируются больные с аппендицитами 97,6 (на 100 операций), лапаротомиями при повреждении органов брюшной полости – 94,7 и грыжесечении при ущемленных грыжах – 91,8 соответственно. В плановом порядке холицистэктомии - 53,7 (на 100 операций) и ушивание перфоративной язвы желудка и двенадцатиперстной кишки – 24,1 соответственно.

Таким образом, у больных, оперированных по поводу острых хирургических заболеваний в брюшной полости, интенсивный показатель гнойных осложнений составил 7,6 от всех оперированных больных. ГСИ чаще регистрируются после аппендэктимии в - 12,1; холицистэктомии - 8,7; лапаротомии и ушивании повреждений полых органов брюшной полости - 8,1. В структуре осложнений удельный вес нагноений ран составил 57,5%, расхождения краев ран 12,8%, абсцессы в брюшной полости 11,2%. У пациентов, жителей села заболеваемость ГСИ в 1,3 раза выше, чем пациентов, проживающих в городе. Экстренные оперативные вмешательства в 4,5 раза проводятся чаще, чем плановые. Послеоперационные гнойные осложнения увеличивают пребывание больных в стационаре на 2,2 раза.

Гнойные послеоперационные осложнения, влияя на исходы заболевания, определяя их структуру в хирургических стационарах, сдерживая полноту выздоровления и, увеличивая продолжительность пребывания пациента в больнице, приобретают все большую эпидемиологическую значимость.

Введение системы эпидемиологического надзора за ГСИ обеспечит оперативную информацию, позволяющую предвидеть возможное ухудшение эпидемиологической обстановки, своевременно осуществлять целенаправленные противоэпидемические мероприятия, предупредить внутрибольничное распространение и свести заболеваемость к спорадическим случаям.

Литература:

1. Семина Н.А. Научные и организационные принципы профилактики внутрибольничных инфекций // Эпидемиология и инфекционные болезни, 2001, №1, С. 5–7.
2. Бабаджанов Б.Р., Курьязов Б.Н. Профилактика гнойно-септических осложнений в абдоминальной хирургии. Третий конгресс ассоциации хирургов имени Н. И. Пирогова. Выставка «Новое в хирургии», Москва, 15-17 октября, 2001, С. 45-46.
3. Яремчук А.Я., Зотов А.С. Современные принципы профилактики острых послеоперационных поражений желудочно-кишечного тракта // Вестник хирургии, 2001, №3, С.101-104.
4. Гаврилова К. П., Федоров В. Э. Анализ причин послеоперационных осложнений в экстренной хирургической практике //Бюллетень медицинских Интернет-конференций, Vol. 3, Issue 3, 2013, pp. 810-810.
5. Хромова В.Н. Анализ структуры поздних постгоспитальных хронических рецидивирующих гнойных раневых осложнений после операций на органах брюшной полости и забрюшинного пространства // Саратовский научно-медицинский журнал, Vol. 6, Issue 3, 2010, pp. 722-727.

Сведения об авторах

№	ФИО	Ученое звание	Ученая степень	Место работы/учебы
1	Шайзадина Ф.М.	к.м.н.	доцент	Карагандинский государственный медицинский университет (КГМУ), кафедра эпидемиологии и коммунальной гигиены
2	Пак А.С.	к.м.н.	доцент	КГМУ, кафедра эпидемиологии и коммунальной гигиены
3	Алышева Н.О.	старший преподаватель	-	КГМУ, кафедра эпидемиологии и коммунальной гигиены
4	Бейсекова М.М.	старший преподаватель	-	КГМУ, кафедра эпидемиологии и коммунальной гигиены
5	Мендибай С.Т.	преподаватель	-	КГМУ, кафедра эпидемиологии и коммунальной гигиены
6	Абуова Г.Т.	преподаватель	-	КГМУ, кафедра эпидемиологии и коммунальной гигиены
7	Кутышева А.Т.	преподаватель	-	КГМУ, кафедра эпидемиологии и коммунальной гигиены
8	Молдакулов Б.Т.	преподаватель	-	КГМУ, кафедра эпидемиологии и коммунальной гигиены

Борисенко А.В.
д.мед.н., профессор, заведующий кафедрой терапевтической стоматологии, Национальный медицинский университет имени А.А. Богомольца
Мялковский К.О.
магистр, Национальный медицинский университет имени А.А. Богомольца

РАСПРОСТРАНЕННОСТЬ ЗАБОЛЕВАНИЙ МАРГИНАЛЬНОГО ПАРОДОНТА У ЛИЦ МОЛОДОГО ВОЗРАСТА

Одно из ведущих мест в структуре стоматологических заболеваний, занимают болезни пародонта. Среди них наиболее распространенными, особенно у лиц молодого возраста являются хронический катаральный гингивит и генерализованный пародонтит.

Одной из основных этиологических причин в развитие этих заболеваний местные повреждающие факторы [1, 83].

Так, микротравма маргинальных десен частичками эмали во время препарирования пришеечного участка абразивными инструментами выступают в роли медиаторов воспалительно-деструктивных изменений тканей маргинальной зоны и последующей рецессии десен [2,70].

Изучая интенсивность деструктивного процесса в тканях пародонта, нельзя оценивать ее отдельно от интенсивности поражения тканей зуба на апроксимальных поверхностях и в пришеечной области. Кариозные поражения на апроксимальных поверхностях приводят к нарушению контактного пункта и способствуют дополнительной травме в области зубодесневого соединения. Кроме того, эти очаги являются дополнительными ретенционными пунктами для скопления зубного налета и микроорганизмов, что способствует возникновению и поддержанию воспалительного процесса в пародонте [3, 83].

Кариозные поражения на апроксимальных поверхностях и в пришеечной области являются мощным раздражающим фактором, способствующим более быстрому и агрессивному течению генерализованного пародонтита начальной – I степени, эта проблема приобретает особую актуальность в плане лечения больных [3, 101].

В связи с выше изложенным, перед нами была поставлена цель: изучить распространенность заболеваний маргинального пародонта у лиц молодого возраста .

Объект и методы исследования.

Под наблюдением находилось 93 студента-добровольца в возрасте 18 – 25 лет, которым проведен комплексное клиническое обследования. Индивидуальную гигиену полости рта оценивали по индексу Грин-Вермильона(OHI-S), воспаление десны по индексу РМА.

Результаты исследования.

Установлено заболевания твердых тканей зубов у 93(100 %) пациентов, заболевания пародонта у 81(87 %) пациентов.

Среди воспалительных заболеваний у 58(71,6%) пациентов выявили хронический катаральный гингивит. Причем у 14(17,3%) был поставлен диагноз – генерализированный хронический катаральный гингивит. Состояние десны оценивалось у них как средняя степень тяжести гингивита, показатели индекса РМА колебались от 28,0% до 35,0%. Состояние индивидуальной гигиены полости рта оценивалось как неудовлетворительно (OHI-S = 1,6 – 1,9). Выявлены апроксимальный кариес у 47 пациентов, пришеечный у 6 с хроническим катаральным гингивитом.

Локализированный пародонтит диагностирован у 17(21%) обследуемых, среди них выявили у 4 человек апроксимальный кариес, а пришеечный у 3 пациентов.

Генерализованый пародонтит начальной степени диагностирован у 6(7,4%) человек. Апроксимальный кариес выявили у 6 пациентов, пришеечный кариес диагностирован у 3. У всех пациентов этой группы отмечена неудовлетворительная индивидуальная гигиена – индекс OHI-S от 2,1 до 2.4.

Заключение.

Высокая распространенность кариозных поражений(апроксимальные и пришеечные) при заболеваниях пародонта требует создания индивидуальных лечебно-профилактических программ, включающих как гигиенические мероприятия, так и, противовоспалительную терапию.

Список литературы:

1. Терапевтическая стоматология: Учебник: В 4т. – Т.3 Заболевания пародонта / Н.Ф. Данилевский, А.В. Борисенко и др. – К.;2011. – 616с.
2. Леус П.А., Любко С.С. Эффективность профессиональной гигиены полости рта в профилактике болезней пародонта / Клин. стоматология. – 1997.- №3.- С.112
3. Ткаченко А.Г. Особенности клинического течения, лечения и профилактики генерализованного пародонтита у лиц молодого возраста 18-25 лет дис. на соискание учен. степени канд. мед. наук : спец. 14.01.22 ,,Стоматология'' / А.Г. Ткаченко. Киев – 2006 – 193с.

Вязьмин А.Я., Клюшников О.В., Подкорытов Ю.М.
1) д.м.н., профессор, зав.кафедрой ортопедической стоматологии;
2) к.м.н., ассистент кафедры ортопедической стоматологии;
3) к.м.н., доцент кафедры ортопедической стоматологии Иркутского государственного медицинского университета
E: mail - klush.stom@mail.ru

ЦЕЛЬНОКЕРАМИЧЕСКИЕ КОНСТРУКЦИИ: РАЗНООБРАЗИЕ, ВОЗМОЖНОСТИ И ПРЕИМУЩЕСТВА

Клиническая стоматология является динамично развивающейся отраслью медицины. Для современного уровня ее развития характерно появление новой основной тенденции – стремление к эстетическому совершенству.

Наиболее перспективным материалом в данной тенденции являются керамические материалы. Причём, все больший интерес вызывает безметалловая керамика, благодаря своей превосходной эстетичности и высокой биосовместимости. Немаловажным является и желание многих пациентов иметь безметалловые конструкции.

Наряду с вкладками, частичными коронками и винирами современные керамические системы позволяют изготовить цельнокерамические коронки и мостовидные протезы, как для фронтальной части, так и для бокового отдела, на который приходится значительная жевательная нагрузка.

Поскольку интерес к цельнокерамическим материалам возрос, нам показалось необходимым осветить нюансы данных технологий.

Целью нашего исследования явилось изучение цельнокерамических систем, представленных на современном стоматологическом рынке.

Задачи исследования:
1. Обзор видов и типов керамики.
2. Сравнение различных образцов.
3. Выявление преимуществ цельнокерамических конструкций.
4. Определение показаний и противопоказаний для данной системы.
5. Особенности подготовки опорных зубов.
6. Конструктивные особенности мостовидных цельнокерамических протезов.
7. Оценка клинических результатов протезирования.

По определению керамика – это неорганическое вещество, не содержащее металл. Этот термин происходит от греч. « keramos», что означает глина или гончарное изделие. Считается, что это слово относится к санкскриптскому термину, означающему «обожженная земля».

Существует насколько классификаций керамики:

I. По химическому составу: 1 силикатная керамика: а) полевошпатная керамика; б) полевошпатная керамика, упрочненная лейцитом; в) фтор-аппатитная керамика

2 стеклокерамика на основе дисиликата лития;

3 оксидокерамика, инфильтрированная стеклом;

4 поликристаллическая оксидная структурная керамика: а) на основе оксида алюминия;

б) на основе оксида циркония; в) на основе шпинели.

II. По технологии изготовления: спекание; литьё; горячее прессование; шлифование;

CAD/CAM/CIM.

III. По клиническому использованию: вкладки; частичные коронки; виниры; цельные коронки; мостовидные протезы; штифты.

Силикатная керамика содержит частицы (например, оксид алюминия) в окружении аморфной стеклянной структуры.

Силикатную керамику принято также называть полевошпатной или кремниевой.

Керамика из спеченного полевого шпата даёт возможность послойного нанесения индивидуальных цветовых слоёв и прозрачного оформления. Однако, усадка при спекании (до30-40% от объёма) способствует возникновению проблем с точностью размеров и наличию различных производственных дефектов (пористость, трещины). Значительные реставрации из полевошпатной керамики не показаны ввиду низкой прочности на изгиб (порядка 60-80 МПа).

Данный вид керамики используется для облицовки каркасов и изготовления виниров.

Более современным типом силикатной керамики является фтораппатитная керамика, поскольку при ее термической обработке образуется кристаллическая фаза – гидроксилаппатит ($Ca_{10}(PO_4)_6 \times 2OH$), который имеет значительное сходство с гидроксиапатитом естественных зубов и соответствующим коэффициентом стираемости.

Стеклокерамика формуется как обычное стекло. Во время формирования масса находится в расплавленном состоянии, при ее охлаждении образуется метастабильное стекло.

При последней термической обработке формируется кристаллическая структура.

Формирование структуры происходит в 2 фазы:

1) образование центров кристаллизации:

2) рост кристаллов.

Стеклокерамика на основе дисиликата лития отличается необычной микроструктурой, состоящей из произвольно ориентированных игольчатых кристаллов, способных к блокированию развивающихся микротрещин.

Конструкции из стеклокерамики выполняются способом литья или горячего прессования. В результате прессования удаётся избежать усадки при спекании.

Стеклокерамика имеет несколько большую прочность на изгиб по сравнению с полевошпатной. Предел прочности стеклокерамики IPS Impress составляет от 120 до 200 МПа, у E.max Press – до 400 МПа.

Область применения - от виниров до мостовидных протезов в области премоляров.

Третьим типом цельнокерамических систем является оксидокерамика, инфильтрированная стеклом.

В отличие от силикатной, данная керамика состоит не из плотноспеченного, а из стеклоинфильтрированного оксида алюминия.

Огнеупорная модель покрывается шликером из оксида алюминия, затем мелоподобная структура инфильтрируется стеклом подобно тому, как кусочек сахара пропитывается чаем.

В системе In Ceram Zirconia структура из окиси алюминия укрепляется с помощью оксида циркония. При этом допустимая нагрузка на опоры повышается до 600 МПа, что позволяет использовать данный вид керамики для изготовления мостовидных протезов до 3-х единиц в боковых участках.

Недостатком данной керамики является низкая прозрачность, что не позволяет использовать её для фронтальной группы зубов.

In Ceram Spinell изготавливается на основе шпинели и имеет более высокую прозрачность.

Оптимальной прозрачностью обладает In Ceram Aluminia при меньшей прочности – 350 МПа.

Систему керамики из алюминия, шпинели и циркония предварительно подготавливают методом Celay или Cerec. После вытачивания конструкции должны быть стеклоинфильтрированы и облицованы.

Поликристаллическая оксидная структурная керамика.

Представляет собой поликристаллическую структуру из чистого оксида алюминия или оксида циркония, не содержащую стекло.

Это плотная, непористая микромасса, имеющая высокую прочность (Al_2O_3 - 700 МПа, Zr_2O – 1300 МПа) и твердость.

Изначально заготовки имеют мелоподобную структуру, что облегчает фрезерование и уменьшает износ инструментов.

Обработка каркасных структур проводится в рассчитанном компьютерной системой увеличенном масштабе (увеличение приблизительнона20-30-%).

В результате многоступенчатого процесса спекания заготовка превращается в конечный продукт. При этом происходит трёхмерное уменьшение объёма до необходимых размеров.

Особенностью данной системы является возможность заполнения микротрещин в процессе спекания. Если возникает трещина, то тетрагональные частицы Zr_2O, частично стабилизированные оксидом иттрия, превращаются в моноклинные, которые имеют размер, на 3% превышающий размер тетрагональных.

По причине высокой прочности каркасов из оксида циркония толщина стенки в 0,5 мм в области боковых зубов вполне достаточна, а во фронтальной группе может быть уменьшена до 0,3 мм.

Такие характеристики дают возможность проведения щадящего препарирования.

Область применения – единичные коронки, 3-х и 4-х единичные мостовидные протезы, абатменты имплантатов.

Керамика из Zr_2O обладает очень высокой прочностью, но менее прозрачна, чем силикатная. Поэтому рекомендуется изготавливать из циркониевой керамики каркасы, которые впоследствии облицовываются силикатной керамикой, которая придаёт конструкции оптимальные эстетические свойства.

Преимущества безметалловой керамики.

По сравнению с традиционной металлокерамикой цельнокерамические системы имеют неоспоримые преимущества:

1) Прозрачность. Силикатные керамики обладают свойствами прозрачности и светопроводимости, сопоставимыми с аналогичными показателями естественных тканей зубов, поэтому подходят для изготовления реставраций, отвечающим самым высоким эстетическим требованиям.

2) Краевое прилегание. Цельнокерамические конструкции демонстрируют безупречное краевое прилегание, в то время как у металлокерамических коронок часто видна тёмная граница «стыка».

3) Помимо эстетической составляющей у пациентов может быть возникновение аллергической реакции на металл. Цельнокерамические системы – биологически инертны.

4) Возникновение дефектов в структуре. Кристаллы лейцита, добавляющиеся в традиционную металлокерамику, обладают высоким коэффициентом термического расширения. После нескольких обжигов может возникнуть несоответствие между коэффициентами термического расширения керамики металла, что вызывает увеличение напряжения и, как результат, появление трещин, а, в последствии, сколов керамики.

Цельнокерамическая система химически однородна, поэтому на всём протяжении имеет одинаковый коэффициент термического расширения.

Вывод.

В ходе проведенной работы мы пришли к выводу, что современные цельнокерамические системы достигли значительного уровня развития.

Данную группу материалов отличают великолепная эстетика и высокая тканевая совместимость.

Клинические данные показывают значительные результаты при соблюдении определённых условий:

- оптимальный выбор показаний к их применению и изготовлению;
- правильный подбор типа керамики, необходимой в данном клиническом случае;
- соблюдение методики препарирования зубов и фиксации конструкции.

При выполнении этих условий применение цельнокерамических реставраций действительно позволяет добиваться великолепных результатов в функциональном и эстетическом плане.

Клюшникова М.О., Клюшникова О.Н.
1) к.м.н., ассистент кафедры терапевтической стоматологии
2) к.м.н., ассистент кафедры стоматологии детского возраста
Иркутский государственный медицинский университет

К ВОПРОСУ О АНТИБАКТЕРИАЛЬНОЙ ТЕРАПИИ ВОСПАЛИТЕЛЬНЫХ ЗАБОЛЕВАНИЙ ПАРОДОНТА

В настоящее время заболевания пародонта воспалительного характера отличаются высокой распространенностью. Именно поэтому наибольший практический интерес вызывают лекарственные средства, применяемые при лечении этой группы заболеваний.

Лечение больных с заболеваниями пародонта должно проводиться комплексно, целенаправленно и строго индивидуализировано. Наряду с хирургическими, ортопедическими и физиотерапевтическими методами значительное место занимает медикаментозная терапия. Основная цель терапии состоит в ликвидации воспалительного процесса, который начинается в десне и, распространяясь вглубь, вовлекает все ткани пародонта, а, следовательно, в первую очередь необходимо удалить причину, вызвавшую этот воспалительный процесс. Как известно, основным этиологическим фактором воспалительных заболеваний пародонта являются микроорганизмы зубного налёта. Длительное время воспалительные заболевания пародонта рассматривались как следствие неспецифического инфицирования микроорганизмами зубной бляшки. Благодаря развитию микробиологических и применению молекулярно-генетических методов исследования, были обнаружены так называемые пародонтопатогенные микроорганизмы: *Actinobacillus actinomycetemcomitans, Porphiromonas gingivalis, Prevotella intermedia, bacteroides forsythus, Eikenella corrodens, Fusobacterium nucleatum, Peptostreptoccocus micros, Selenomonas cpecies, Wolinella recta, Treponema denticola*. При этом важное значение в развитии воспалительных заболеваний пародонта с агрессивным течением принадлежит *Actinobacillus actinomycetemcomitans* и *Porphiromonas gingivalis*.

Поэтому основу медикаментозного лечения хронических форм пародонтита должны составлять антибактериальная терапия. На сегодняшний день имеется очень широкий арсенал антимикробных средств, что создает трудности для практических врачей при выборе того или иного препарата в каждом конкретном случае.

Врачом-стоматологом должны соблюдаться основные принципы применения антибиотиков в медицинской практике (В.Н. Царев, Р.В. Ушаков 2004 г.):

1. необходимо установить инфекционную этиологию процесса. До настоящего времени это было довольно проблематично, так как метод

анаэробного культивирования, применявшийся до сих пор, довольно сложен и длителен. Тогда как лечение пациента необходимо начинать практически сразу при его поступлении. Эту задачу позволяет решить метод полимеразной цепной реакции (ПЦР), основанный на определении строго специфичного участка ДНК патогенна. Преимущества ПЦР заключаются в скорости осуществления самого метода, его специфичности и высокой чувствительности.

2. препараты необходимо назначать с учетом взаимодействия с другими, одновременно используемыми лекарствами.

3. обязательно следует учитывать взаимодействие или совместимость антибиотиков.

4. при отсутствии клинической эффективности через 36 – 48 часов антибиотик следует заменить.

5. необходимо соблюдать сроки применения антибиотиков

При этом антибактериальная терапия должна быть целенаправленной и строго рациональной. Не стоит стремится перекрыть весь спектр микроорганизмов, так как многие из них входят в состав нормальной микрофлоры полости рта и бесконтрольное применение антибактериальных средств может привести к дисбактериозу и развитию грибковой инфекции.

Необходимо учитывать наличие или отсутствие определенных микроорганизмов в очаге воспаления, их чувствительность к антибиотикам. Так, например *Actinobacillus actinomycetemcomitans* устойчив к действию таких широко применяемых препаратов как линкомицин и метронидазол, но чувствителен к препаратам группы пенициллина, тетрациклина, фторхинолонов и левомицитину. *Porphiromonas gingivalis* наоборот довольно чувствителен к препаратам группы линкомицина, но устойчив к фторхинолонам. Целенаправленное использование антибактериальных средств позволит избежать излишних материальных затрат, снизить риск развития резистентных штаммов и сократить сроки лечения больных с воспалительными заболеваниями пародонта.

Мазур А.Г.
ст.лаборант, соискатель кафедры радиологии и радиационной медицины
НМУ имени А.А. Богомольца, Киев
Anastasiya.mazur@gmail.com

Ткаченко М.Н.
заведующий кафедрой радиологии и радиационной медицины
НМУ имени А.А. Богомольца, Киев
доктор медицинских наук, профессор
mtkachenkodeprad@mail.ru

Миронова О.В.
доцент кафедри радиологии и радиационной медицини
НМУ имени А.А. Богомольца, Киев
кандидат медицинских наук
mironovarad@gmail.com

Горяинова Н.В.
заместитель директора по научной работе ГУ «Институт гематологии и трансфузиологии НАМН Украины»,
кандидат медицинских наук, старший научный сотрудник
goryainovan@gmail.com

ЗНАЧЕНИЕ β-2 МИКРОГЛОБУЛИНА И ТИМИДИНКИНАЗЫ В ПРОГНОЗИРОВАНИИ ТЕЧЕНИЯ ОСТРОЙ ЛИМФОБЛАСТНОЙ ЛЕЙКЕМИИ И ХРОНИЧЕСКОГО ЛИМФОЛЕЙКОЗА

Прогностическая значимость опухолевых маркеров (ОМ) в современной онкогематологии неоспорима и признана повсеместно [5, 8, 9]. В последнее время для индивидуализации лечения больных с острой лимфобластной лейкемией (ОЛЛ) и хроническим лимфолейкозом (ХЛЛ) все чаще в их качестве используются тимидинкиназа (ТК) и бета-2 микроглобулин ($β_2$-МКГ) [2, 4, 11].

ТК является онкофетальным энзимом и в здоровом организме присутствует в незначительных количествах. По данным литературы ее активность в сыворотке крови при острых и хронических лейкемиях значительно выше, чем при других видах неоплазий и может достигать нескольких десятков Ед/л [6, 9, 10]. Известно, что ТК является прогностическим фактором (ПФ) при ОЛЛ и изменения ее уровня хорошо кореллируют со стадией и течением заболевания [10, 11]. Однако, есть только единичные зарубежные публикации относительно ассоциации уровня ТК с эффективностью химиотерапии (ХТ) и совсем нет данных о параллельном анализе ее значений со значениями $β_2$-МКГ в процессе лечения больных ОЛЛ и ХЛЛ.

$β_2$-МКГ это иммуноглобулин, отображающий биосинтетическую активность тканей и пролиферацию лимфоцитов [3]. Доказано, что при ХЛЛ концентрация его в крови существенно увеличивается, имея прямую корелляционную зависимость от стадии заболевания и обратную от срока выживания больных, что наводит на мысль об использовании $β_2$-МКГ в качестве ПФ. Снижение концентрации $β_2$-МКГ после ХТ и повышение ее при прогрессировании или рецидиве ХЛЛ дает возможность использовать его как критерий контроля терапии и диагностики рецидива [1, 4]. Однако, нет литературных данных об использовании $β_2$-МКГ паралельно с ТК в качестве ПФ при ОЛЛ.

Целью исследования явилось определение концентрации ТК и $β_2$-МКГ в сыворотке крови методом радиоиммунологического анализа (РИА) у больных ОЛЛ и ХЛЛ в качестве ПФ течения заболевания и эффективности лечения.

Обследовано 87 пациентов от 30 до 78 лет (средний возраст 52,2±1,7), 54 мужчины и 33 женщины с ХЛЛ, а также 36 пациентов от 17 до 69 лет (средний возраст 41,0±1,1), 21 мужчина и 15 женщин с ОЛЛ. Всем им определялись общепринятые гематологические показатели, ТК и $β_2$-МКГ в сыворотке крови до начала и после завершения индукции ремиссии. Больные находились на лечении в КГКЛ №9 в гематологическом отделении №1, являющимся клинической базой отделения заболеваний системы крови ГУ „Институт гематологии и трансфузиологии НАМН Украины". Рецидив считался ранним при возникновении в течении 6 месяцев после достижения первичной ремиссии, поздним – спустя полгода после нее. Первичная резистентность констатировалась при недостигнутой ремиссии после 2-х курсов ХТ, вторичная - при возникновении рецидива на фоне ХТ после ее достижения.

Исследование сыворотки крови на содержание ТК и $β_2$-МКГ методом РИА проводилось согласно инструкциям к соответствующим наборам (IMMUNOTECH, Чехия) на кафедре радиологии и радиационной медицины НМУ имени А.А. Богомольца. Сыворотка хранилась при t<-18C° не более 6 месяцев. Наборы для определения этих ОМ позволяли выявить их концентрацию в диапазоне: ТК 0-80,0 Ед/л, $β_2$-МКГ 0,48-52,0 мг/л [7, 8]. При обследовании 18 здоровых добровольцев установлен диапазон их нормы: ТК 1,3±0,5 Ед/л, $β_2$-МКГ 1,5±0,1 мг/л. Больные получали программное цитостатическое лечение согласно клиническим протоколам оказания медицинской помощи по специальности «Гематология» МОЗ Украины [12].

Среди больных ОЛЛ по иммунологической FAB – классификации 31 пациент имел В-клеточную форму, 5 пациентов смешано-клеточную. По результатам лечения они были разделены на группы:

IA (n=11) – с полной ремиссией >2 лет;

IБ (n=10) – резистентные к лечению, умершие на этапе ремиссии;

IB (n=15) – с рецидивом после периода ремиссии.

Клинические проявления ХЛЛ распределили по стадиям по классификации Binet, 1981 (A-C): A (n=16); B (n=52); C (n=19). Все пациенты с ХЛЛ в зависимости от результатов лечения были распределены на группы:

I (n=26) – с полной или частичной ремиссией после ХТ.

II (n=44) - с улучшением после ХТ.

III (n=17) – резистентные к ХТ.

Клиническая картина ОЛЛ в начале заболевания была достаточно однообразная среди пациентов всех групп. После завершения ХТ 6 пациентов группы IБ (16,7%) оказались резистентными к ней, 4 (11,1%) умерли, а у 26 пациентов групп IA и IB (72,2%) была констатирована клинико-гематологическая ремиссия. Ее длительность оказалась разной: в группе IA она составляла ~154 недели, в группе IB ~52 недели. Ранний рецидив констатирован у 5 больных (33,3%), поздний - у 10 (66,7%).

Инициальный уровень ТК был повышенный у пациентов всех групп. Пациенты с достигнутой ремиссией имели более низкие инициальные значения ТК (<20 Ед/л), нежели резистентные больные. После завершения индукции ремиссии отличия средних значений ТК стали заметными во всех группах. В отличие от пациентов групп IA (со снижением ТК) и IБ (неизмененная ТК после ХТ), у больных группы IB наблюдалось снижение уровня ТК после завершения I-й фазы индукции ремиссии без дальнейших ее изменений. Стойкая тенденция ее снижения в течении лечения до пограничных значений (5,0-9,0 Ед/л), давала основание отнести таких пациентов к группе благоприятного прогноза течения заболевания. К группе среднего риска относили пациентов с инициальными значениями ТК≤20,0 Ед/л, а в ремиссии ≥10,0 Ед/л, что прогнозировало рецидив заболевания. Им рекомендовалась более интенсивная ХТ, нежели для пациентов с благоприятным прогнозом. Первичная концентрация ТК≥20,0 Ед/л являлась признаком неблагоприятного прогноза и свидетельствовала о высокой вероятности первичной резистентности к ХТ. Отсутствие нормализации ТК после терапии свидетельствовало о неполной иррадикации лейкемического клона и подтверждало необходимость продолжения лечения, несмотря на полную нормализацию гематологических показателей.

Инициальный уровень β_2-МКГ был значительно повышенный только в группе IБ. При полной ремиссии его уровень снижался не достигая нормы. У резистентных больных наблюдалось уменьшение концентрации этого ОМ на 5%. Средние значения ТК и β_2-МКГ снижались в процессе индукции ремиссии в группе IA, не изменяясь в группе IB. В группе IБ наоборот, их урони в начале снижались после завершения I-й фазы индукции ремиссии, а затем вновь возрастали почти до исходных по завершении ХТ. Увеличение показателей ТК и β_2-МКГ в период индукции ремиссии до значений ≥20,0 Ед/л и ≥11,0 мг/л соответственно являлось неблагоприятным прогнозом.

Уровень ТК у пациентов группы IA после завершения консолидации ремиссии находился в пределах нормы, а в группе IB был пограничным, хотя статистически не отличался от средних значений группы IA. В период рецидива наблюдалось значительное (≥20,0 Ед/л) повышение ее уровня, что свидетельствовало о переходе заболевания в стадию неконтролируемого течения.

У большинства больных группы IA с ремиссией установлено статистически достоверное снижение до нормы β_2-МКГ, но у некоторых пациентов его уровень был выше контрольного, что характеризовало степень полноты ремиссии. Средние значения этого белка в группе IB почти в 2 раза превышали показатели группы IA. В период рецидива наблюдалось увеличение β_2-МКГ ≥9,0 мг/л, свидетельствуя о значительном нарушение функции почек вследствии ХТ. Таким образом, этот ОМ можно использовать как критерий контроля за полнотой ремиссии и ранней диагностики рецидивов.

При исследовании ТК и β_2-МКГ у больных ХЛЛ обнаружена прямая зависимость их уровней от стадии заболевания. Самые низкие показатели этих ОМ наблюдались в стадии А. Увеличение их уровней в сравнении с нормой было в стадии В: β_2-МКГ в 6 раз, а ТК - в 4 раза. У пациентов группы С концентрация β_2-МКГ была тем выше, чем тяжелее было течение заболевания, но во всех случаях его средние значения превышали уровни у пациентов групп А и В. Уровень ТК тоже был выоким, во всех случаях его средние значения почти не отличались от уровней группы В. Установлена слабая зависимость активности ТК от стадии, в отличие от концентрации β_2-МКГ, которая прямо пропорциональна активности лейкемического процесса. Особенно значительное повышение β_2-МКГ (≥32,6 мг/л) констатировано у больных с нарушениями функции почек вследствии разных причин, что отображает не только степень распространения процесса и его активность, но и вовлечение в опухолевый процесс дистальных отделов мочевыводящей системы.

В случаях эффективного лечения больных I группы стадии А уровень β_2-МКГ снижался в 2 раза, а при стадиях В и С - в 3 раза. При удовлетворительных результатах лечения у 49 больных II группы стадии В уровень β_2-МКГ снижался почти в 2 раза, а в стадии С - в 1,5 раза. При отсутствии лечебного эффекта снижение β_2-МКГ в III группе стадий В и С было <17%. Определение β_2-МКГ через 2 месяца после лечения продемонстрировало, что в I группе независимо от стадии его уровень был стабильным, во II группе наблюдалось незначительное увеличение, а в III концентрация достигала инициальных данных. Таким образом, определение инициального β_2-МКГ у больных ХЛЛ может бать основанием для виделения групп риска быстрого прогрессирования лейкемического процесса: при значениях ≤10,0 мг/л устанавливается группа низкой степени риска; ≤19,0 мг/л – средней, а при ≥22 мг/л – высокой степени.

Значительных изменений активности ТК по сравнению с инициальными по группам не отмечалось, но в течении всей ХТ ее уровень был повышенный и между группами почти не отличался. Это, вероятно, связано с колличеством делящихся клеток опухоли, поскольку уровень ТК кореллирует с их пролиферативной активностью. Высокая инициальная концентрация ТК свидетельствует о вероятном быстром прогрессировании заболевания.

Таким образом, независимым ПФ для больных ОЛЛ является ТК, а для больных ХЛЛ - β_2-МКГ. При более низких инициальных уровнях ТК и β_2-МКГ была выше вероятность получения клинико-гематологической ремиссии. Однако, при неполной ремиссии концентрации ТК и β_2-МКГ никогда не достигали нормы. Отсутствие нормализации уровней ТК и β_2-МКГ после лечения прогнозировало прогрессирование заболевания в ближайшие термины.

Литература

1. Delgado J., Pratt G., Phillips N. et al. Beta2-microglobulin is a better predictor of treatment-free survival in patients with chronic lymphocytic leukaemia if adjusted according to glomerular filtration rate // Br. J. Haematol. – 2009. - № 6. - P. 801-805.
2. Ellegaard J., Mogensen C.E., Kragballe K. Serum β2-microglobulin in acute and chronic leukaemia // Scand. J. Haematol. - 2008. -Vol. 25. - P. 275-285.
3. Evrin P.E. et al. Serum levels and urinary secretion of b2Microglobulin // Scand. J. Lab. Invest., - 2009. -Vol. 29. - P. 69-74.
4. Gentile M., Cutrona G., Neri A. et al. Predictive value of beta2-microglobulin (beta2-m) levels in chronic lymphocytic leukemia since Binet A stages // Haematologica. – 2009. - № 6. - P. 887-888.
5. Gökbuget N., Hoelzer D. Treatment of adult acute lymphoblastic leukemia // Hematology (Am Soc Hematol Educ Prog). - 2006. - № 8. - P. 133-141.
6. Hagberg H., Gronowitz JS., Killander A. et al.: Serum thymidine kinase in acute leukaemia // Br. J. Cancer. - 2010. -Vol. 49. - P. 537-540.
7. Immunotech (a Beckman coulter company) // Опухолевые маркеры и их обследование. - 2008. - P. 22, 25.
8. Jacobs E.L., Haskell C.M. Clinical use of tumor markers in oncology // Curr. Probl. Cancer. - 2010. - № 3. - P. 299-360.

9. Källander C.F.R., Hagberg H., Gronowitz J.S. Serum deoxythymidine kinase gives prognostic information in chronic lymphocytic leukaemia // Cancer. - 2008. - № 54. - P. 2450-2455.

10. Russo S.A., Harris M.B., Greengard O. Lymphocyte thymidine kinase and treatment response in acute lymphocytic leukaemia // Leuk Res. - 2011. - № 11. - P. 149-154.

11. Schena FP, Liso V, Losuriello V, et al. The behaviour of β-2-microglobulin in acute and chronic leukaemias // Biomedicine. – 2009. -Vol. 33. – P. 12 - 15.

12. Клінічні протоколи надання медичної допомоги хворим зі спеціальності «Гематологія» / Львів: ЗУКЦ, 2011. – 202 с.

Игнатьев Н.А.
специалист департамента геологоразведки и разработки
Верхнечонского НГКМ, ООО «ТННЦ»
punker91@list.ru

ИССЛЕДОВАНИЕ ПРОДУКТИВНОСТИ СКВАЖИН С РАЗЛИЧНЫМИ КОНСТРУКЦИЯМИ ЗАБОЕВ НА ГАЗОКОНДЕНСАТНОЙ ЗАЛЕЖИ ПЛАСТА АЧ$_5^{2-3}$ ВТОРОГО ОПЫТНОГО УЧАСТКА УРЕНГОЙСКОГО НГКМ

Ачимовские отложения второго опытного участка Уренгойского НГКМ были введены в разработку в 2009 году. Пласт Ач$_5^{2-3}$ характеризуется самыми низкими фильтрационно-емкостными параметрами в пределах участка 2А, но, в то же время, его разработка представляет особый интерес ввиду наибольших запасов газа и более высокого начального потенциального содержания конденсата в пластовом газе. Целью исследования являлась оценка продуктивности скважин с разными конструкциями забоев на газоконденсатной залежи пласта Ач$_5^{2-3}$ и выбор оптимального варианта вскрытия пласта при помощи современных программных комплексов для моделирования.

Все использованные данные по ачимовским отложениям второго опытного участка предоставлены проектным институтом ООО «ТюменНИИгипрогаз», осуществляющим авторский надзор за реализацией промышленной эксплуатации на участке.

Моделирование продуктивности осуществлялось при помощи программных продуктов компании «Schlumberger». На основе цифровой геологической модели и петрофизических зависимостей была построена фильтрационная модель пласта в программном комплексе Petrel Reservoir Engineering. Для оценки продуктивности скважин в различных условиях в пределах участка было принято решение выделить зоны с различными фильтрационно-емкостными параметрами. В качестве определяющего параметра был выбран коэффициент открытой пористости. На основе карты открытой пористости, построенной в программном комплексе Petrel (рисунок 1), в пределах участка были выделены элементы с низкими, средними и высокими значениями коэффициента открытой пористости (таблица 1). Необходимо отметить, что выбор положения границ элементов производился с учетом равенства величины запасов пластового газа в их пределах.

Таблица 1 – Средние значения ФЕС по элементам

Элемент	Пористость, д.ед	Проницаемость, мД
№1	0,155	2,1
№2	0,173	4,3
№3	0,188	9,2

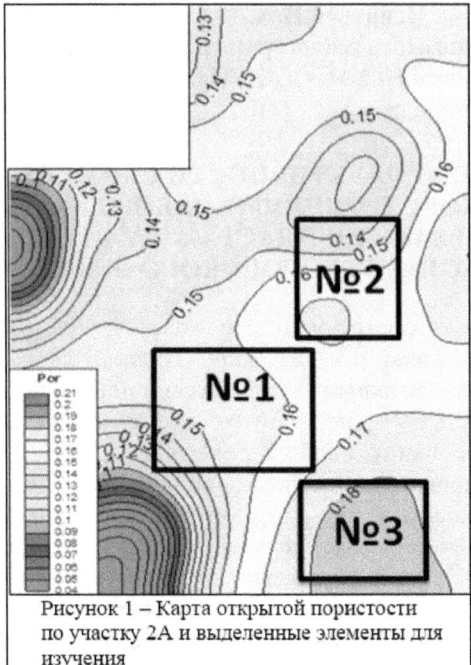

В исследовании использовались следующие виды скважин в соответствии с принятыми при разработке участка 2А конструкциями:
- S-образная скважина с гидравлическим разрывом пласта;
- субгоризонтальная скважина.

Субгоризонтальная - скважина с углом вскрытия продуктивного пласта 80-90°. Скважины располагались в центральных зонах участков таким образом, чтобы у них совпадали середины интервалов перфорации. Трещина гидроразрыва моделировалась путем задания отрицательного скин-фактора, длина пологого участка ствола субгоризонтальной скважины была принята равной 300 м.

Рисунок 1 – Карта открытой пористости по участку 2А и выделенные элементы для изучения

Для оценки продуктивных характеристик скважин в начальный период применялся метод построения индикаторных диаграмм в координатах $dP^2=f(Q)$ и кривых притока IPR (Inflow Performance Relationship), отражающих взаимосвязь забойного давления и дебита газа (рисунок 2). В качестве инструмента для расчета был использован гидродинамический симулятор Eclipse Schlumberger.

Поскольку на данный момент времени имеется значительная база исследований скважин Уренгойского месторождения на газоконденсатную характеристику ачимовских отложений, то было целесообразным использование композиционного моделирования. Специально для моделирования газоконденсатных скважин, Витсоном (Whitson) и Февангом (Fevang) был предложен усовершенствованный метод расчета подвижности газа (метод GPP), который был применен в данном исследовании. Для выполнения расчетов использовалась созданная специалистами ООО «ТюменНИИгипрогаз» модель пластовой газоконденсатной системы, адаптированная на результаты промысловых исследований.

Для построения индикаторных кривых с помощью симулятора Eclipse 300 была проведена имитация газодинамических исследований на каждой скважине. Испытания скважин проводились на четырех режимах фильтрации прямого хода изменением величины дебита газа от меньшего значения к большему.

В результате проведенных расчетов продуктивности скважин закономерно отличались по элементам (рисунки 2,3,4). В пределах элементов с худшими и лучшими свойствами продуктивности S-образной и субгоризонтальной скважин оказались практически равными. На элементе со средними ФЕС S-образная скважина отличалась большим значением абсолютно свободного дебита по сравнению с субгоризонтальной. Для дальнейшего сравнения продуктивности были проведены расчеты технологических показателей работы скважин на прогноз, которые подтвердили результаты газодинамических исследований.

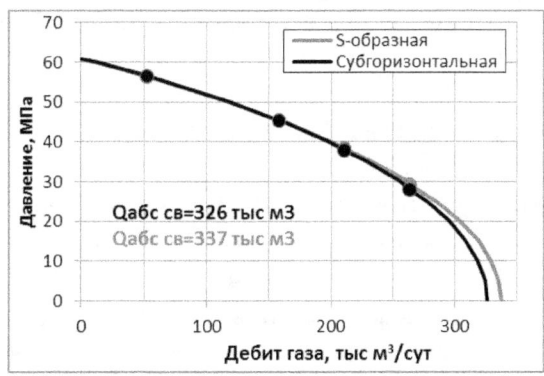

Рисунок 2 – Кривая притока (IPR) по скважинам элемента №1

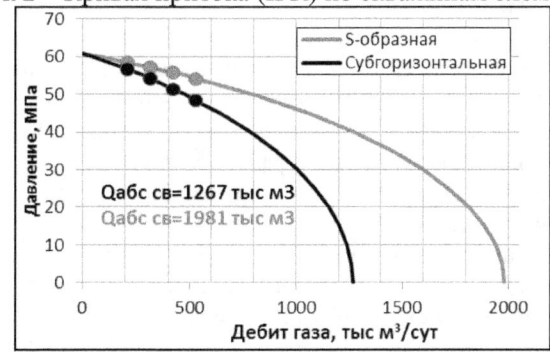

Рисунок 3 – Кривая притока (IPR) по скважинам элемента №2

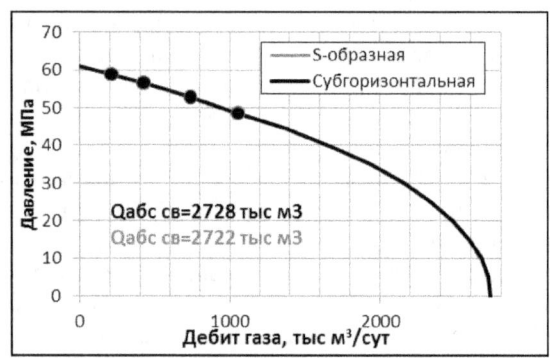

Рисунок 4 – Кривая притока (IPR) по скважинам элемента №3

В исследовании были рассмотрены возможные методы совершенствования вскрытия продуктивного пласта, такие как увеличение длины наклонного участка субгоризонтальной скважины и увеличение объема закачки при ГРП. Второй расчетный вариант предполагал следующие параметры вскрытия:

- полудлина трещины гидроразрыва – 150 м,
- наклонный участок – 500 м;

Основные параметры вскрытия в третьем варианте:

- полудлина трещины гидроразрыва – 200 м,
- наклонный участок – 700 м.

Выбор параметров вскрытия был обусловлен результатами газодинамических исследований на пробуренных в пределах участка 2А скважинах и современной тенденцией к бурению наклонных скважин большой длины.

В результате дополнительных расчетов оказалось, что увеличение объема закачки при ГРП и удлинение пологого участка ствола субгоризонтальной скважины оказывают положительный эффект на продуктивность скважин. На элементе с худшими фильтрационно-емкостными параметрами этот эффект можно считать незначительным, поскольку в третьем варианте максимальный дебит по скважинам увеличился менее чем на 100 тыс. м^3. В то же время абсолютно свободный дебит по скважинам второго и третьего элементов увеличился на несколько сотен тысяч кубометров. Проведенный расчет технологических показателей работы скважин на прогноз подтвердил эти результаты (рисунки 5,6).

Результаты сравнения продуктивности скважин на начальном этапе работы по вариантам свидетельствуют о том, что в целом наибольшей продуктивностью характеризуются субгоризонтальные скважины с длиной пологого участка не менее 500 м.

Рисунок 5 – Динамика накопленной добычи пластового газа при изменении параметров скважины (элемент со средними ФЕС)

Рисунок 6 – Динамика накопленной добычи пластового газа при изменении параметров скважины (элемент с высокими ФЕС)

Список литературы

1. Авторский надзор за реализацией опытно-промышленной эксплуатации, уточнение геолого-гидродинамической модели и проектных решений для полномасштабной разработки второго участка ачимовских отложений Уренгойского месторождения. Отчет ООО «ТюменНИИгипрогаз»; Руководитель Нестеренко А.Н. – Тюмень, 2011.
2. C.H. Whitson, R. Fevang. Generalised Pseudopressure Well Treatment in Reservoir Simulation/IBC Conference on Optimisation of Gas Condensate Fields, Aberdeen, June 1987.
3. Справочное руководство Eclipse, версия 2007. – Schlumberger, 2007.

Педагогические науки

Шевченко Е.В.
МКДОУ д/с № 311, Новосибирск, учитель-дефектолог

О ВОЗМОЖНОСТИ ПРИМЕНЕНИЯ ИНФОРМАЦИОННЫХ ТЕХНОЛОГИЙ В ОБУЧЕНИИ ДЕТЕЙ С НАРУШЕНИЯМИ РАЗВИТИЯ

Сегодня уже никто не может отрицать того, что дети любят компьютер. Причем любят его все дети: и одаренные, и обычные, и те, кого в цивилизованном мире принято называть детьми, нуждающимися в особой помощи. Умение слушать и слышать, понимать окружающий мир является одной из базовых способностей человека, играющих важную роль в становлении его личности и эмоциональном ее обогащении.

Для детей, нуждающихся в особой помощи в процессе обучения, специалисты института коррекционной педагогики: Гончарова Е.Л., Королевская Т.К., Кукушкина О.И., Головков Н.Н. разработали ряд компьютерных программ по ознакомлению с окружающим («Мир за твоим окном», «В городском дворе», «На даче»), программу по развитию слухового восприятия – «Звучащий мир», обучающую компьютерную программу – «Моя жизнь». Данные программы адресованы педагогам, работающим со старшими дошкольниками и младшими школьниками, испытывающими трудности в обучении, детьми с задержкой психического развития, различными нарушениями слуха, речи. Однако эти программы могут быть очень полезны и родителям; они могут применяться ими в домашних условиях как дополнительный, интересный для ребёнка источник закрепления знаний и умений. Они помогут сделать видимым тот личный жизненный опыт ребенка, о котором он еще часто не может, не умеет рассказать, но который в том или ином виде есть у каждого. Именно этот опыт и является настоящей основой формирования новых представлений и понятий.

Известно, что трудности в восприятии звучания окружающего мира достаточно часто испытывают не только глухие дети, но и дети с различными нарушениями в развитии. Поскольку с физическим слухом у этих детей все в порядке, причина затруднений кроется в неумении вписывать звучания в ситуативный контекст, чтобы адекватно отреагировать. Умение слушать и слышать окружающий мир является одной из базовых способностей человека, играющих важную роль в становлении его личности и эмоциональном ее обогащении. После того, как в меню программы «Звучащий мир» последовательно выбраны сюжет и конкретное упражнение, с помощью кнопки «Старт» можно попасть в рабочий экран. В соответствии с выбором на рабочем экране уже готова графика – один из двух сюжетов или наборы картинок, открыток и пр. Большая часть объектов, изображенных на сюжетных картинках, а также предметные картинки, фотографии, открытки, расположенные на рабочем экране, являются активными кнопками, обеспечивающими взаимодействие пользователя и программы (интерактивность). Указание на выбранный объект или картинку стрелкой «мыши» с одновременным нажатием ее левой клавиши вызовет реакцию программы - например, в случае работы в автоматическом режиме ведущий оценит выбор ребенка. Иногда, помимо добрых слов, ребенок получит визуальное подтверждение своего успеха - на верно выбранной фотографии появится бабочка.

В ходе выполнения большинства упражнений ребенку предлагается устанавливать связь между звучанием объекта и его изображением. Для многих детей такая, несложная на первый взгляд, работа окажется затруднительной, поскольку для решения поставленной задачи им необходимо обратиться к собственному жизненному опыту за подтверждением – «было, слышал…, похоже на …, оказывается это …, никогда не слышал…», и т.п. Суть работы ребенка в процессе тренировки его слухового восприятия состоит из двух этапов: «вслушиваюсь в звучание и пытаюсь определить его источник», и этот алгоритм сохраняется в любом из упражнений. Однообразие деятельности не может не сказаться на мотивации ребенка к выполнению упражнений, однако овладение навыком «слушая – слышать» требует многократного повторения. В некоторой степени эту ситуацию спасает компьютерная форма упражнений, ведь многократные исследования доказали, что использование в процессе обучения информационных технологий обеспечивает высокую мотивацию деятельности ребенка.

Одна из компьютерных программ по ознакомлению с окружающим миром, разработанная институтом коррекционной педагогики – «Мир за твоим окном» - посвящена теме «Времена года». Она состоит из пяти частей – пяти программ: «Четыре времени года»; «Погода», «Одежда»; «Рассказы о временах года»; «Календарь». Программа следует основному дидактическому правилу: перед ребенком должна стоять только одна новая сложная задача. Для детей, нуждающихся в особой помощи, такое построение обучения принципиально: им особенно трудно усваивать новые формы решения задач, новые формы представления заданий.

В систему дошкольного воспитания и обучения необходимо внедрять разнообразные информационные технологии, мультимедийные презентации и развивающие компьютерные программы, особенно для обучения детей с нарушениями слуха и речи. Интерес детей к таким занятиям значительно возрастает, повышается уровень познавательных возможностей. Для демонстрации окружающих предметов, дающих определенные понятия, соотнесения слова и зрительного образа, создания зрительных ассоциаций, показа этапов работы, экран компьютера просто необходим. Использование новых нестандартных приёмов объяснения и закрепления материала, тем более в игровой форме, повышает непроизвольное внимание детей, помогает развить произвольное внимание. В этом случае задействуются различные каналы восприятия, что позволяет заложить информацию не только в фактах, но и в ассоциациях в памяти детей, особенно глухих и слабослышащих. Подача материала в виде мультимедийной презентации сокращает время обучения, высвобождает ресурсы здоровья детей. Кроме этого, использование презентаций в процессе обучения позволяет: заинтересовать детей, усилить образовательные эффекты, повысить качество усвоения материала, осуществить дифференцированный подход к детям с разным уровнем подготовленности, организовать одновременно детей, обладающих различными возможностями и способностями. Цикл презентаций, состоящий из красочных и анимированных слайдов, охватывает большой объем программного материала по ознакомлению с окружающей средой: времена года, одежда, обувь, виды транспортных средств, овощи, фрукты и т.д.

Использование современных технологий позволяет не только обогащать знания, использовать компьютер для более полного ознакомления с предметами и явлениями, находящимися за пределами собственного опыта ребенка, но и повышать креативность ребенка; умение оперировать символами на экране монитора способствует оптимизации перехода от наглядно-образного к абстрактному мышлению; использование творческих и режиссерских игр создает дополнительную мотивацию при формировании учебной деятельности; индивидуальная работа с компьютером увеличивает число ситуаций, решить которые ребенок может самостоятельно.

Использование разнообразных информационных ресурсов обеспечивает новый уровень свободы в деятельности ребенка: он сам выдвигает гипотезу, обращается к своим представлениям и впечатлениям, сам проверяет их, убеждаясь в их истинности или ошибочности. Действия ребенка носят продуктивный характер. Поняв инструкцию, ребенок должен действовать самостоятельно, используя свой опыт, впечатления, знания. Не слова, а действия отражают результат размышлений, что особенно важно для тех детей, словарный запас которых небогат. И дети хорошо понимают, что бы им хотелось «проверить», узнать, но при иной форме работы они не смогли бы этого сделать, поскольку не в состоянии рассказать о своих желаниях. Если задачи развития ребенка осознаны, выделены, выстроены как ступеньки на лестнице, где каждая соответствует определенному шагу в методике, то искусно «манипулируя» близкими и интересными ребенку задачами, упражнениями, играми, т.е. разными видами работ, можно действительно решать самые трудные проблемы развития каждого ребенка.

Дроздова А.А.
научный сотрудник научного отдела ГБОУ ВПО Сургутского государственного университета ХМАО-Югры
Кобякова М.А.
преподаватель кафедры Теории и методики профессионального образования ГБОУ ВПО Сургутского государственного университета ХМАО-Югры

ОСОБЕННОСТИ ИНФОРМАЦИОННО-ОБРАЗОВАТЕЛЬНОЙ СРЕДЫ ОБУЧЕНИЯ ПРИ ПОДГОТОВКЕ БАКАЛАВРОВ ПЕДАГОГИЧЕСКОГО ОБРАЗОВАНИЯ

Характерной чертой современного общества является «глобальный социальный процесс, особенность которого состоит в том, что доминирующим видом деятельности в сфере общественного производства является сбор, накопление, обработка, хранение, передача, использование, продуцирование информации, осуществляемые на основе современных средств микропроцессорной и вычислительной техники, а также разнообразных средств информационного взаимодействия и обмена» [3]. Процесс информатизации обусловил потребность общества в формировании информационной культуры молодого поколения, что повлияло на необходимость совершенствования профессионального образования.

В Концепции Федеральной целевой программы развития образования на 2011–2015 годы представлена задача, согласно которой соответствие содержания профессиональной подготовки должно соответствовать потребностям общества. В Федеральном государственном образовательном стандарте высшего профессионального образования по направлению подготовки «Педагогическое образование», профилю «Технологическое образование» заложены основные требования к уровню подготовки бакалавров педагогического образования, выраженные в компетенциях, одной из которых становится способность к применению в учебно-воспитательном процессе различных способов и средств работы с информацией.

В соответствии с Федеральным государственным образовательным стандартом общего образования и федеральными требованиями к образовательным учреждениям, касаемые оснащенности учебного процесса, сегодня учителю необходимо выстраивать учебный процесс в современной информационно-образовательной среде. Требования к созданию информационно-образовательной среды включают редактирование текстами, таблицами, презентациями; создавать и редактировать интерактивные учебные материалы, творческие работы; размещать, систематизировать, хранить учебную информацию; проводить мониторинг; использовать различные виды и формы контроля; осуществлять взаимодействие между учениками, в том числе дистанционное и т.д.

В современной науке существует много различных подходов к определению термина «информационно-образовательная среда». Данный термин связан с двумя понятиями: информационная среда и образовательная среда.

Образовательная среда – совокупность организационно-дидактических условий и факторов, а так же межличностных отношений, оказывающих влияние на формирование личности с заданными качествами [1].

Образовательная среда любого вуза по мнению Э.Г. Скибицкого оценивается по следующим параметрам:
- информационно-технологическому (показатель доступности информации, степень использования в учебном процессе информационных средств обучения);
- интеллектуальный – показатель качества профессорско-преподавательского состава;
- материальный (уровень развития материально-технической базы, обеспечивающей учебный процесс) [2].

В современной педагогической науке даются различные толкования понятию «образовательная среда», но общим является представление как о системе влияний, условий, возможностей формирования и развития личности обучаемого. В таком понимании образовательная среда обогащается широкими возможностями современных информационных технологий обучения.

В.А. Трайнев под информационными технологиями понимает совокупность методов и программно-технических средств, объединенных в технологическую цепочку, обеспечивающую сбор, обработку, хранение и отображение информации с целью снижения трудоемкости ее использования, а так же для повышения ее надежности и оперативности [4].

Отличительной чертой процесса подготовки бакалавров педагогического образования, профиля «Технологическое образование» является ориентация на приобретение знаний и умений из различных областей человеческой деятельности, поэтому построение информационно-образовательной среды должно соответствовать современным средствам работы с информацией. Развитие компьютерных технологий повлияло на выбор таких средств, самым актуальным из которых стали технологии компьютерной графики.

На сегодняшний день считается актуальным преподавание в вузах дисциплины «Компьютерная графика» или ее элементов в других областях. Проанализировав учебные дисциплины подготовки бакалавров педагогического образования, и определив на их основе направления изучения компьютерной графики, мы считаем, что в процессе подготовки бакалавров педагогического образования информационно-образовательная среда обучения должна содержать: компьютерные средства обучения (аппаратные и программные средства), информационные и образовательные ресурсы, представленные на электронных носителях (электронные учебные пособия), образовательные сайты и информационные образовательные порталы, технологии дистанционного взаимодействия.

Информационно-образовательная среда обучения – важный фактор уровня подготовки современных специалистов, правильная организация которого позволит обеспечить необходимым багажом знаний, умений и навыков в выбранной профессиональной сфере.

Библиография:

1. Коджаспирова, Г.М. Педагогический словарь : для студентов высш. и сред. пед. учеб. заведений / Г.М. Коджаспирова, А.Ю. Коджаспиров. – 2-е изд., стер. – М. : Academia, 2005. – 173 с.

2. Скибицкий, Э.Г. Дистанционное обучение: теоретико-методологические основы: моногр. / Э.Г. Скибицкий, А.Г. Шабанов. – Новосибирск: СИФБД: СГА, 2004. – 224 с.

3. Толковый словарь терминов понятийного аппарата информатизации образования / И.В. Роберт и др. ; под ред. И.В. Роберт, Т.А. Лавиной, Л.Л. Босовой. – М. : Бином. Лаб. знаний, 2011. – 69 с.

4. Трайнев, В.А. Информационные коммуникационные педагогические технологии : учеб. пособие / В.А. Трайнев, И.В. Трайнев. – 3-изд. – М. : Издательско-торговая корпорация «Дашков и К», 2008. – 280 с.

[1]**Миннуллин Р.Р.,** [2]**Бахтиярова Ю.В.,** [3]**Гиниятова А.Р.**
[1] Учитель высшей квалификационной категории МБОУ «СОШ №133» Московского района г.Казань; [2] Доцент, к.х.н., Казанский (Приволжский) Федеральный Университет кафедра химического образования; [3] студент, Казанский (Приволжский) Федеральный Университет кафедра химического образования

ПОДГОТОВКА УЧАЩИХСЯ 8-Х КЛАССОВ К ШКОЛЬНОМУ ЭТАПУ ОЛИМПИАДЫ ПО ХИМИИ

Олимпиады - это одна из общепризнанных форм работы с одаренными и высокомотивированными учащимися. Участвуя в олимпиадах, такие дети оказываются в среде себе равных. Они стремятся соревноваться с другими, стремятся к победам.

Подготовка учеников к олимпиаде по химии - весьма трудоемкий процесс. Участие в подобном мероприятии подразумевает не только наличие знаний, но и способности логически мыслить. А уж для того чтобы стать призером олимпиады необходимо предложить интересные варианты решений, продемонстрировать глубокое понимание задач и опытов.

Всероссийская олимпиада школьников по химии ежегодно проводится среди учащихся СОШ. В ходе соревнования проверяются способности и умения детей решать различные химические задачи и проводить химические эксперименты, проявляется интерес учащихся к химии. Олимпиады любого уровня дают уникальный шанс добиться признания в семье, в учительской среде и у одноклассников.

Согласно "Положению о Всероссийской олимпиаде школьников" олимпиада по химии проводится в пять этапов, последовательно охватывая образовательное пространство Российской Федерации на разных уровнях:

Первый этап — школьный — проводится общеобразовательными учреждениями в октябре-ноябре каждого учебного года. Является наиболее массовым.

Второй этап — городской — проводится органами местного самоуправления или местными (муниципальными) органами управления образованием в ноябре-декабре каждого учебного года.

Третий этап — региональный — проводится в субъектах Российской Федерации совместно государственными органами управления образованием субъектов Российской Федерации и советами ректоров высших учебных заведений в январе-феврале каждого учебного года. Допускается совместное проведение третьего этапа несколькими субъектами Российской Федерации.

Четвертый этап — федеральный окружной — проводится государственными органами управления образованием субъектов

Российской Федерации по решению Министерства образования и науки Российской Федерации.

Пятый этап — заключительный — проводится Министерством образования и науки Российской Федерации и Федеральным агентством по образованию по согласованию с соответствующими государственными органами управления образованием субъектов Российской Федерации ежегодно.

Школьный этап олимпиады по химии проводится обычно в конце октября, среди учащихся 8-11 классов. Олимпиадные задания разрабатываются предметно-методической комиссией муниципального этапа. Возможно, использование авторских заданий, или задания могут быть взяты из литературных источников.

Что же должен знать молодой учитель химии? Как подготовить учеников 8-х классов за неполных два месяца к первому этапу олимпиады?

Химия – предмет, который вводится в школе самым последним. Впервые дети знакомятся с химией только в 8 классе. Для мотивации учеников лучше проводить пропедевтические занятия уже с 7 класса. Хорошо если в школе работает химический кружок.

Для подготовки учеников к первому этапу олимпиад учащимся нужно знать вполне определенные темы. Все темы, которые нужно объяснить ученикам, следует разделить на 2 части: экспериментальную и теоретическую, как и туры олимпиады.

В экспериментальной части учащиеся изучают следующие темы:
- Правила техники безопасности в химической лаборатории.
- Лабораторное оборудование и посуда. Приемы обращения с лабораторным оборудованием.
- Химически чистые вещества. Способы очистки веществ: перегонка, возгонка, перекристаллизация
- Смеси веществ. Способы разделения смесей: отстаивание, фильтрование, выпаривание и др.

При изучении этих тем учителю рекомендуется наглядно показывать все нюансы, т.е. проводить практические занятия. Желательно чтобы учащиеся самостоятельно проделывали экспериментальную часть.

Задания экспериментального тура направлены на привитие учащимся интереса к экспериментальной деятельности, на умение наблюдать, на развитие навыков работы в химической лаборатории, на умение корректно интерпретировать полученные результаты.

При подготовке к олимпиаде учителю необходимо учитывать, что школьный и муниципальный этапы по содержанию и по форме могут и должны быть взаимосвязаны в ведущими олимпиадами, входящими в перечень Российского совета олимпиад школьников, такими как олимпиада школьников «Ломоносов», Всесибирская открытая олимпиада школьников и др. Число заданий на школьном и муниципальном этапах обычно шесть или более. Обязательно в задании присутствуют простые (утешительные) задачи, которые не выходят за рамки изученного материала. Это могут быть задания из контрольных или самостоятельных работ в школе или подобные им, могут быть комбинированные задачи содержащие межпредметные связи. Уровень сложности и трудности заданий школьного этапа как правило доступы для большинства школьников, но по своей форме они отличаются от контрольной работы по химии необычностью постановки вопроса, а в ответах на них должны предполагаться приемы решений, которые не являются стандартными. При подготовке учеников к олимпиадам по химии рекомендуется ознакомиться с методических пособием [1].

- Предмет химии. Вещества: простые и сложные. Аллотропия.
- Физические и химические явления. Понятие о химическом элементе.
- Химическая символика. Знаки химических элементов, происхождение их названий. Первичное знакомство с периодической системой..
- Строение атома. Изотопы. Понятия о валентности и степени окисления.
- Законы: сохранения массы, постоянства состава веществ, Авогадро
- Количество вещества (моль) и молярный объём газа.
- Химические формулы. Уравнения химических реакций. Индексы и коэффициенты. Относительная атомная и молекулярная массы.
- Кислород. Горение. Реакции экзо - и эндотермические. Методы борьбы с пожарами. Оксиды: номенклатура.
- Воздух. Физические свойства и химические свойства газов входящих в состав воздуха. Экологические проблемы атмосферы Земли (загрязнение воздуха, озоновые «дыры», парниковый эффект).
- Вода. Растворы. Плотность. Концентрация. Массовая доля.

Также школьники должны уметь решать расчетные задачи.
1. Вывод химических формул. Расчеты по химическим формулам.
2. Расчеты по уравнениям химических реакций. Моль.
3. Вычисление массовой доли веществ в растворах и смесях.

Химические олимпиады школьников важная форма внеклассной работы по химии. Они помогают: выявить наиболее способных учащихся, стимулируют углубленное изучение предмета, служит развитию интереса к химической науке.

Литература:
1. Лунин В. В., Тюльков И. А., Архангельская О. В. / Всероссийская олимпиада школьников по химии. Методические рекомендации по разработке заданий и требований по проведению школьного и муниципального этапов Всероссийской олимпиады школьников по химии в 2012/2013 учебном году– М.: Просвещение, 2012. – 45с.

[1] **Бахтиярова Ю.В.,** [2] **Миннуллин Р.Р.,** [3] **Рахманова А.Р.**

[1] доцент, к.х.н., Казанский (Приволжский) Федеральный Университет кафедра химического образования; [2] Учитель высшей квалификационной категории МБОУ «СОШ №133» Московского района г.Казань; [3] студент, Казанский (Приволжский) Федеральный Университет кафедра химического образования

КОМПЕТЕНТНОСТНЫЙ ПОДХОД В ХИМИИ

Школа является важнейшим социальным институтом, который отражает развитие общества. Образованность, интеллект относятся к ценностям, а важнейшим фактором в реализации потенциала страны становится духовная жизнь человека, широкий и глубокий кругозор, талант, стремление решать сложные, нестандартные задачи, находить правильное решение для любой ситуации.

На сегодняшний день ученикам необходимо не только хорошо усваивать школьный курс, но, а также уметь находить информацию, работать с ней и применять свои знания на практике. И только, имея такие способности, они могут рассчитывать на успех. Известный американский ученый И.Гудлэд предлагает следующие приоритетные цели современного школьного образования:

- овладение учащимися базовыми знаниями, навыками и фундаментальными процессами;
- интеллектуальное развитие;
- подготовка к выбору профессии дальнейшему образованию;
- гражданское образование;
- формирование позитивной Я-концепции и навыков межличностных отношений;
- нравственное воспитание;
- развитие творческих способностей;
- эмоциональное и физическое развитие.

Наше общество - общество информационных технологий стремится, чтобы граждане приучались к самостоятельности, быстро и четко принимали решения и были готовыми к изменениям условий жизни.

В настоящие время в связи с принятым подходом ЮНЕСКО понятие образования представляет собой понятие компетентности, а именно образование включает процесс социализации индивида, в процессе которого происходит саморазвитие, связанные с формированием компетенций. **Компетенция - это интеллектуальное качество** личности, а их использование принято называть компетентностью.

При формировании мотивационного компонента образовательной компетенции на уроках и во внеклассной работе по химии необходимо обращать большое внимание на развитие ключевых образовательных компетенций: ценностно-смысловых, общекультурных, учебно-познавательных, информационных, коммуникативных, социально-трудовых, личного самосовершенствования. К ключевым компетентностям можно отнести также интеллектуальные, гражданско-правовые, коммуникационные, компетенции, благодаря которым происходит приобретение учащимися социального опыта.

К общепредметным компетентностям относятся речевые, мыслительные, практические, компетентности внимания и памяти, владение логическими операциями. Они формируются в процессе изучения всех учебных дисциплин, в том числе и химии.

Предметные компетенции формируются в рамках определённого предмета. В преподавании химии необходимо формировать такие компетентности, как:

1. понятие о химии, как о неотъемлемой составляющей естественнонаучной картины мира;
2. представление о том, что окружающий мир состоит из веществ, которые характеризуются определённой структурой и способны к взаимным превращениям;
3. химическое мышление, умение анализировать явления окружающего мира в химических терминах, способность говорить и думать на химическом языке;
4. понимание роли химии в повседневной жизни и прикладного значения химии в жизни общества, а также в решении глобальных проблем человечества: продовольственной, энергетической, экологической;
5. химически осознанное, критическое отношение к веществам в быту; умение управлять химическими процессами.

В рекомендациях ЮНЕСКО и в «Концепции модернизации российского образования на период до 2010г.» приводится следующий перечень ключевых компетенций для школьной образовательной практики:

- математическая - умение работать с числами, числовой информацией;
- коммуникативная - умение вступать в коммуникацию, быть понятым, непринуждённо общаться;
- информационная – умение владеть информационными технологиями, работать со всеми видами информации;
- автономизационная - способность к саморазвитию, самоопределению, самообразованию, конкурентоспособность;
- социальная – умение жить и работать с людьми: с близкими, в трудовом коллективе, в команде;
- продуктивная – умение работать и зарабатывать , способность создавать собственный продукт, принимать решения нести ответственность за них;

- нравственная – готовность, способность и потребность жить по традиционным нравственным законам.

Исходя из того, что мы живем в мире веществ и материалов, постоянно протекающих химических реакций надо отметить еще одну компетенцию – химическую, которая рассматривает грамотное обращение с реактивами, веществами, материалами и химическими процессами, которые являются безопасными как для человека, так и для окружающей среды.

Образовательная компетенция включает в себя взаимосвязанные смысловые ориентации, знания, умения, навыки, опыт ученика, которые необходимы для осуществления продуктивной деятельности. Компетентностный подход подразумевает, что каждый ученик с возрастом приобретает не только конкретные знания, но также у него формируется общая картина знаний в различных сферах.

Химия является одной из самых сложных предметов в школьном образовании. Для того чтобы хорошо усвоить материал даже школьного курса необходимо много работать. Очень трудно усваивать предмет детям с недостаточно развитым мыслительным процессом. Поэтому главная задача учителя научить своих учащихся анализировать учебный материал, сравнивать, обобщать, находить причинно-следственные связи.

Исходя из этого, отметим основные интеллектуальные компетентности, которые формируется в технологиях обучения: внимание, память, воображение, мышление, речи; коммуникационные – субъектные отношения сотрудничества, рефлексивная саморегуляция.

Овладение информационными и телекоммуникационными технологиями являются одной из важнейших задач, благодаря которым формируются общеучебные и общекультурные навыки работы с информацией. Реализация этой задачи невозможна без включения информационной компетенции в систему химического образования.

Привлечение максимальных знаний к работе по проектированию направлений развития современной школы в условиях её модернизации является результатом деятельности учителей. Компетентностный подход в преподавании химии должен повысить интерес учеников к предмету, повысить общую результативность. Достижение целей химического образования призвано обеспечить успех выпускника современной школы. Но для этого цели образования должны стать для него личностно значимыми и быть включены в систему ценностей.

Чалдышкина Н.Н.

кандидат педагогических наук, доцент кафедры дошкольной и социальной педагогики Института педагогики и психологии
ФГБОУ ВПО «Марийский государственный университет» (г.Йошкар-Ола)

Лоскутова Р.Р.

кандидат педагогических наук, доцент кафедры дошкольной и социальной педагогики Института педагогики и психологии
ФГБОУ ВПО «Марийский государственный университет» (г.Йошкар-Ола)

НАУЧНО-ПРАКТИЧЕСКИЕ ПОДХОДЫ К ОРГАНИЗАЦИИ ДУХОВНО-НРАВСТВЕННОГО ВОСПИТАНИЯ СТУДЕНЧЕСКОЙ МОЛОДЕЖИ В ВУЗЕ

Обращение государства и системы образования к идее духовно-нравственного воспитания как основного условия возрождения современного российского общества и человека не случайно. Нравственная деградация, прагматизм, утрата смысла жизни и культ потребления, наркомания и алкоголизм в молодежной среде – вот те характеристики состояния современного общества и человека, которые свидетельствуют о духовном кризисе общества и утрате духовного здоровья личности. К сожалению, духовная жизнь современного общества превратилась в безликое существование, наполненное срывами и напряженностью. В настоящее время проблема ценностей, влияющих на формирование и развитие подрастающей молодежи, от которой зависит развитие общества, является, несомненно, актуальной. Создание условий для духовно-нравственного воспитания подрастающего поколения – одна из приоритетных задач.

Теоретическими и методическими предпосылками исследования проблемы формирования духовно-нравственных качеств у подрастающего поколения являются взгляды и научные концепции о человеке как объекте и субъекте духовного, нравственного развития и саморазвития (Иванов К.Д., Рубинштейн С.Л., Ильин А.И., Коган Л.И., Кон И.С., Бочарова В.Г., Вульфов Б.З., Григорьев С.И., Коваль М.Б., Лысовский В.Г., Ушинский К.Д., Сорошева С.В., Сухомлинский В.А., Зеньковский В.В., Скаткин М.Н., Краевский В.В., Зимняя И.А., Морова Н.С., Плоткин М.М., Никулина О.М., Родькина Е.В. и др.

Однако в данных исследованиях рассматриваются лишь отдельные аспекты духовно-нравственного воспитания студенческой молодежи, не делается акцент на учет специфики профиля подготовки специалистов на факультетах и институтах высших учебных заведений России. Мало изучены особенности организации работы по духовно-нравственному воспитанию студентов в условиях высшей школы на основе православной педагогики.

Сущность православного воспитания, его цель, принципы, содержания и методы отражены в трудах отцов и учителей Церкви, которые по праву считаются лучшими педагогами своего времени: это святитель Илларион, митрополит Киевский, преподобный Нестор Летописец, преподобные Сергий Радонежский и Максим Грек, святители Димитрий Ростовский, Тихон Задонский, Игнатий (Брянчанинов), Феофан Затворник, преподобный Амвросий Оптинский, преподобный Серафим Саровский, святой праведный отец Иоанн Кронштадский, схиархимандрит Иоанн (Маслов), и др. [2; 3].

Анализ состояния теоретических исследований и массовой практики по исследуемой проблеме позволил выявить ряд противоречий, осложняющих процесс духовно-нравственного воспитания студенческой молодежи в условиях высшей школы: между сложившимися в системе высшего образования традиционными формами организации воспитания студентов и потребностями в новых эффективных направлениях, технологиях и формах, позволяющих осуществлять процесс духовно-нравственного воспитания студенческой молодежи вуза с учетом специфики профиля профессиональной подготовки, в том числе при переходе России на уровневую систему подготовки педагогических кадров; между востребованностью межведомственного и межинституционального подходов к осуществлению духовно-нравственного воспитания студенческой молодежи в вузе, организации социального партнерства в социуме и слабой разработанностью данных механизмов на теоретико-методическом уровне, недостаточной компетентностью специалистов в обеспечении эффективности данной деятельности, и др.

Решение обозначенных противоречий составило проблему настоящего направления работы в Институте педагогики и психологии Марийского государственного университета (г.Йошкар-Ола).

Цель духовно-нравственного воспитания студенческой молодежи в условиях образовательной системы института - формирование духовно и нравственно устойчивой цельной личности на основе отечественных историко-культурных традиций, православной педагогики [1, 20].

Задачи духовно-нравственного воспитания студентов в условиях образовательной системы института: определить область духовно-нравственного воспитания студенческой молодежи как предмет систематического и целенаправленного внимания профессорско-преподавательского состава и студенческого самоуправления института; ориентировать на понимание педагогом себя как продолжателя высоких культурных традиций русской педагогической школы, представителя интеллигенции, носителя духовно-нравственного начала; формировать у студентов духовно-нравственное отношение к себе и окружающему миру, способность к самопознанию собственных чувств и духовных переживаний; развивать у студенческой молодежи утонченное восприятие красоты, эмоциональное сопереживание; помочь студентам осознать и осмыслить сущность таких понятий как творение мира, вера, смирение, молитва, покаяние, послушание, любовь, милосердие, надежда, и др.; интегрировать учебную, внеучебную, воспитательную деятельности в единое воспитательно-образовательное пространство развития духовно-нравственной сферы студенческой молодежи; разработать и реализовать программу мероприятий добровольного объединения студенческой молодежи – клуб православной молодежи «Пока горит свеча».

Новизна данного исследования заключается в том, что нами обобщен и представлен многолетний опыт работы по духовно-нравственному воспитанию студенческой молодежи института; разработана Концепция духовно-нравственного воспитания современной студенческой молодежи; в образовательный процесс вуза включены аспекты православной педагогики, реализуемые исключительно на добровольной основе с согласия педагогов и студентов Института, в том числе в деятельности Клуба православной молодежи «Пока горит свеча».

Разработанная нами Концепция духовно-нравственного воспитания студенческой молодежи представляет собой ценностно-нормативную основу для организации духовно-нравственного воспитания в высшем учебном заведении, во взаимодействии с учреждениями дошкольного, среднего общего и дополнительного образования, культуры, социальной сферы, сферы здравоохранения, общественными организациями, Йошкар-Олинским Епархиальным управлением, средствами массовой информации Республики Марий Эл и регионов Российской Федерации. Целью этого взаимодействия является совместное обеспечение условий для духовно-нравственного развития и воспитания студенческой молодежи [1, 22].

К факторам духовно-нравственного воспитания мы относим такие, как учебная и научно-исследовательская деятельность, методическая работа, педагогическая практика, воспитательная работа, социальное партнерство и др.

Клубная работа, на наш взгляд, является одной из инновационных и эффективных форм работы по направлению духовно-нравственного воспитания студенческой молодежи в условиях системы высшего образования. Также это позволяет сформировать у студенческой молодежи профессиональные компетенции для их последующей работы в образовательных и социально-образовательных учреждениях, в которых введён спецкурс «Основы православной культуры».

По инициативе студенчества Института и преподавателей кафедры дошкольной и социальной педагогики на базе института в 2012 году был открыт Клуб православной молодежи «Пока горит свеча». Результаты опроса свидетельствуют, что подавляющее большинство опрошенных студентов - это православная молодежь, желающая расширить знания об истоках своей культуры.

Совместно со студентами подготовлена программа работы Клуба, в который включены различные формы: благотворительные акции, оказание помощи людям, находящимся в трудной жизненной ситуации, паломнические поездки по святым местам, Фестиваль православной песни, фотоконкурс «Красота Божьего мира», конкурсы «Рождество Христово» и «Пасхальная радость», участие в Республиканском фестивале-конкурсе «Рождественская звезда», Городской Пасхальной ярмарке, беседы, встречи со священнослужителями, круглые столы, просмотр и обсуждение православных фильмов и др. Оформляется постоянно действующий стенд «Вестник Православия». Ежегодно организуются Музыкальные гостиные, тематические праздники, театрализованные представления с участием наших студентов совместно с воспитанниками Социального приюта «Теплый дом» г.Йошкар-Ола.

Проведена Межвузовская Студенческая научно-практическая конференция «Актуальные проблемы духовно-нравственного воспитания подрастающего поколения». Впервые организован и проведен Фестиваль Православной песни «И чтобы ангелы запели». Представители Клуба православной молодежи «Пока горит свеча» совершили паломнические поездки по святым местам.

Духовно-нравственная воспитанность студенческой молодежи – это тот результат, на достижение которого направлена вся деятельность профессорско-преподавательского состава вуза и студенческого актива. Традиции православной педагогики, на наш взгляд, могут послужить фундаментом для объединения усилий педагогов, методистов, ученых, общественных и церковных деятелей в сфере образования, и будут способствовать воспитанию нового человека – патриота и гражданина, который достойно служит своему Отечеству.

Литература:

1. Лоскутова, Р.Р. Духовно-нравственное воспитание студенческой молодежи (из опыта работы Института педагогики и психологии ФГБОУ ВПО «Марийский государственный университет»): монография / Р.Р. Лоскутова, Н.Н. Чалдышкина. - М.: Издательство «Спецкнига», 2012. – 274 с.

2. Маслов, Н.В. Основы русской педагогики / Н.В. Маслов. – М., 2006. – 592 с.

3. Никандров, Н.Д. Светское образование и духовное просвещение: проблемы взаимодействия: (выступление на XVIII Международных Рождественских чтениях) / Н.Д. Никандров // Педагогика. - 2010. - № 3. - С.9-14.

Гранкин В.Е.
кандидат педагогических наук, доцент, Курский государственный университет
grankinve@rambler.ru

СТРУКТУРА РАЗДЕЛОВ ОБУЧЕНИЯ, НАПРАВЛЕННЫХ НА ФОРМИРОВАНИЕ КОМПЕТЕНЦИЙ ПО ПРОВЕДЕНИЮ ПЕДАГОГИЧЕСКОГО ИССЛЕДОВАНИЯ МАТЕМАТИКО-СТАТИСТИЧЕСКИМИ МЕТОДАМИ С ИСПОЛЬЗОВАНИЕМ ИНФОРМАЦИОННЫХ ТЕХНОЛОГИЙ У БАКАЛАВРОВ НАПРАВЛЕНИЯ ПОДГОТОВКИ ПЕДАГОГИЧЕСКОЕ ОБРАЗОВАНИЕ

В условиях современного информационного общества учителю необходимо проводить педагогическое исследование с целью:
1. выявления определенных тенденций поведения исследуемого педагогического признака;
2. определения корреляции между результатами обучения и другими педагогическими признаками;
3. выяснения силы межпредметной и внутрипредметной интеграции;
4. построения прогноза результатов обучения учащихся в зависимости от поведения определенных педагогических признаков.

Таким образом, проведение педагогического исследования является неотъемлемой частью профессиональной деятельности современного учителя.

Применение математико-статистических методов на этапе обработки результатов исследования позволяет сделать четко обоснованные, логически выстроенные и однозначные выводы о результатах проведения педагогического исследования.

Использование информационных технологий в педагогическом эксперименте позволит обрабатывать большие массивы эмпирических данных, более точно и быстро рассчитывать математические показатели, необходимые для анализа результатов исследования. Кроме того, информационные технологии являются эффективным и доступным средством применения математико-статистических методов в обработке и анализе результатов педагогического исследования учителями всех профессионально-образовательных профилей подготовки, в том числе и гуманитарных.

Следовательно, формирование знаний, умений и навыков по проведению педагогического исследования математико-статистическими методами, с помощью информационных технологий, является обязательной частью подготовки будущего учителя на этапе его обучения в вузе.

Формирование компетенций по проведению педагогического исследования математико-статистическими методами, с помощью информационных технологий в условиях применения Федеральных государственных образовательных стандартов высшего профессионального образования возможно в рамках такой дисциплины, как «Основы математической обработки информации». Данная дисциплина входит базовую часть математического и естественнонаучного цикла основной образовательной программы подготовки бакалавров, обучающихся по направлению подготовки Педагогическое образование.

С целью более эффективного формирования компетенций по проведению педагогического исследования математико-статистическими методами, с помощью информационных технологий предлагается следующее содержание дисциплины, состоящее из шести основных разделов:
1. применение элементов теории множеств для обработки информации;
2. применение математической логики для обработки информации;
3. элементы комбинаторики;
4. элементы теории вероятностей;
5. элементы математической статистики;
6. первичная обработка результатов педагогического эксперимента методами математической статистики.

Как следует из предложенного содержания дисциплины «Основы математической обработки информации», качественное изучение раздела «Первичная обработка результатов педагогического эксперимента методами математической статистики», а, следовательно, и освоение принципов проведения педагогического исследования математико-статистическими методами с помощью информационных технологий не возможно без усвоения знаний по первым пять разделам. Кроме того, содержание первых пяти разделов, особенно содержание практических занятий, следует ориентировать к профессиональной деятельности будущего учителя, в частности, к деятельности по проведению педагогического исследования. Практические занятие по изучению раздела «Первичная обработка результатов педагогического эксперимента методами математической статистики» предлагается проводить с помощью средств информационных технологий, путем использования учебного аналога ситуации обработки и анализа результатов педагогического исследования.

Колесник И. А.
кандидат педагогических наук, доцент, докторант кафедры теории и методики профессионального образования Харьковского национального педагогического университета имени Г. С. Сковороды –
vip.nauka.nauka@mail.ru

ТЕНДЕНЦИИ РАЗВИТИЯ ОБРАЗОВАНИЯ В ЗАПАДНОЙ ЕВРОПЕ И США В ПЕРИОД ВТОРОЙ ПОЛОВИНЫ XIX ВЕКА

Изучение историко-педагогических источников [1-4] свидетельствует, что в период XIX в. в крупнейших странах Западной Европы и США происходило становление национальных систем образования, которые в зависимости от уровня развития общественно - политических и экономических отношений приобретали специфические черты в каждой из развитых стран. Этот процесс происходил в ситуациях обострения общественных отношений (европейские революции, Гражданская война в США), сопровождался интенсивным промышленным ростом и развитием педагогической науки, созданием новых систем образования. В ходе оформления государственных систем народного образования можно выделить глобальные общие тенденции, характерные для стран Европы и США [1].

Одной из важнейших тенденций развития образования в XIX в. было расширение возможностей государства для участия в управлении и финансировании школьного дела: составление законодательства, регулирующего порядок управления образовательной политикой. В Пруссии в 1794 г. было издано « оОбщее положение о школе», в котором все школы объявлялись государственными, а в 1798 г. и 1808 были созданы органы государственного контроля за деятельностью школы. В первой четверти XIX в. в Пруссии , Баварии и Саксонии были повторно приняты законы об обязательном начальном обучении. В целом наметилась тенденция к централизации управления школьного образования, деятельность всех учебных заведений и учителей контролировалась государственными органами , педагоги начальных школ назначались на должности распоряжениями правительства [3] .

Во Франции в период XIX в. государственно-политические деятели сосредоточили внимание на составлении законодательства, регулирующего различные аспекты деятельности школы. В начале столетия определились статус и порядок финансирования государственных начальных (коммунальных) и средних школ (лицеев и колледжей). В 1801г. сформировалась система школьных округов, со строгой подчиненностью школ. Отметим, что такая система образования послужила образцом для создания в России системы народного образования. В 1824г., во Франции, было основано Министерство духовных дел и образования, в 1833 г. по «закону Гизо» (по имени создателя) каждая община обязана была открывать и содержать начальную школу, с 1835 г. вводилась система инспектирования школ. Все это способствовало увеличению доли участия государственной власти в управлении школьным делом, ректоры 16 учебных округов прямо подчинялись Министерству образования [4].

В Англии появление школьного законодательства произошло значительно позже, чем в других западноевропейских странах. Так, в 1830 г. впервые произведено государственное финансирование школ и только в 1847 г. была создана система инспектирования школ. Во второй половине XIX в. появились законы, определяющие порядок организации и деятельности государственной образовательной системы. Согласно таких законов начальное образование в Англии стало обязательным, в 1891 г. был издан закон о бесплатном школьном обучении. В этот период проявились тенденции к децентрализации школьного управления, например в округах избирались школьные комитеты, которые несли ответственность за организацию и управление школьным делом.

В США законы, регламентирующие деятельность в сфере образования, появлялись разрозненно в различных штатах. Процесс разработки общенационального школьного законодательства тормозился из-за того, что в первой половине столетия происходило становление США как государства. Только в 1867 г. появилось «Бюро народного образования», однако школы подчинялись властям штата, которые определяли вопросы организации обучения, финансирования учебных заведений.

Важной тенденцией в развитии образования Западной Европы и США в рассматриваемый период было регулирование частной инициативы в образовании. Во всех школьных системах Запада продолжалась деятельность частных учебных заведений, которые в большей или меньшей степени контролировались государственными органами управления школой. Так, в Пруссии в соответствии с законом 1794г. государственному контролю подлежали все без исключения школы независимо от того, кто был их основателем. Во Франции, законодательство гарантировало деятельность частных школ, но при этом существовала система их министерского инспектирования. В Англии по закону 1870г. правительство стимулировало создание и деятельность частных школ. В США частные школы создавались в основном религиозными конфессиями.

В XIX в. продолжалось отделение школы от церкви, которое проходило неоднозначно в разных странах. Наиболее противоречивый и напряженный характер этот процесс имел в Пруссии. В начале XIX в. законодательно утвердился светский характер школы, до 1840-х гг религия была исключена из учебных программ. Однако, в 1846 г. церковная власть получила право утверждать на должность школьных учителей. Затем в 1848 г. светскость образования была закреплена в конституции, однако конституция 1850г. закрепила в школе преподавание религии в качестве обязательного учебного предмета. В итоге, к концу столетия церковное влияние на школу осталось значительным. В Англии государством декларировался необязательный характер обучения религии, но в образовательной практике она преподавалась в каждой школе. Во Франции, напротив, на протяжении всего XIX в. продолжался процесс отделения школы от церкви. В США изначально государственное и религиозное образование развивались отдельно .

Исследование положения школьного дела в большинстве стран Западной Европы и США в период XIX в. позволяет утверждать, что в этот период начальное образование претерпело значительных изменений. Главным достижением было возникновение обязательного бесплатного начального образования (срок обучения 7 лет), кроме того, появились новые типы начальных школ, наиболее распространенными из которых стали вечерние и воскресные школы для обучения взрослых людей, что позволило повысить уровень грамотности населения. Обучение на начальном уровне организовывалось как раздельное для мальчиков и девочек - в Европе и общее - в США, было бесплатным (или плата за школу была незначительной) и соответствовало требованиям классно - урочной системы [2].

Таким образом, проведенное исследование свидетельствует о том, что в XIX в. в странах Западной Европы и США возникали средние государственные учебные заведения женского образования. Высшее образование было сосредоточено в университетах. В XIX в. возникают теории обучения и воспитания, которые становятся классическими педагогическими теориями и базой для дальнейшего развития науки и практики образования во всех странах.

Література

1. Катков М.Н. Наша учебная реформа с примечаниями Л.Поливанова. /М.Н.Катков – М.: [б.и.], 1890 – 48 с.
2. Константинов, Н.А. Очерки по истории средней школы / Н.А.Константинов - М.: Учпедгиз, 1947. – 247 с.
3. Прусская система воспитания и русская школа // Школа и жизнь / ред. Г.А.Фальброк. – Петроград: Изд. Н.В.Мешков, Г.А.Фальброк, 1915. – Май. – С. 465-467.
4. Энциклопедия общественного воспитания и обучения. – СПб.-М.: Изд.т-ва М.О.Вольф, 1913. – 67 с.

Педагогические науки

Токарева Е.А.
ассистент кафедры педагогика, психология и право ФГБОУ ВПО «Саратовский ГАУ»
ele53959942@mail.ru

СКАЗКОТЕРАПИЯ КАК СРЕДСТВО ФОРМИРОВАНИЯ КОММУНИКАТИВНОЙ КУЛЬТУРЫ СТУДЕНТА

Ни для кого не секрет, что сказка еще с незапамятных времен оказывает воздействие на человека. Хотя термин «сказкотерапия» вызывает реакцию неоднозначную в разных сферах человеческой деятельности: люди деловые относятся к этому методу несерьезно и настороженно, и лишь педагоги и психологи положительно настроены. Вероятно, это потому, что сказкотерапия – это психологический метод, который с помощью сказочной метафоры позволяет расширить сознание, развить творческие способности и перейти на особый уровень взаимодействия [1,7].

Воздействие сказочных метафор происходит на двух уровнях – сознательном и бессознательном. Метафора стимулирует мышление и устанавливает непосредственные связи между левым и правым полушарием головного мозга, что дает особые возможности при коммуникации. Ассоциации, возникшее в процессе сказкотерапии, оказывают немалое влияние на психику человека, а также на общение, и творческие способности. Информация, содержащаяся в сказке, поступает студенту мягко и непринужденно, без родительских наставлений и поучений, поэтому общечеловеческие ценности морали и нравственности внедряются незаметно, но прочно.

Сам того не желая, человек, внимательно слушающий сказку, отожествляет себя с положительным героем, которому все дело по плечу. Следовательно, у реципиента происходит преобразование сознания – индивидуализация. Цель сказкотерапии – мобилизация внутренних ресурсов для осознания и решения личных проблем.

Понятно, что сказкотерапия не имеет возрастных границ – «детским» этот метод называют лишь потому, что он обращен к чистому и восприимчивому детскому началу каждого человека. Поэтому определим предмет сказкотерапии как процесс внутреннего воспитания, приобретение знаний о жизни и способах социального поведения, а также развитие души и противоборству ее дисгармонии.

В сказкотерапию включены разнообразные жанры: легенды, былины, саги, эпос, анекдоты, басни, притчи, собственно сказки, а также и любовные романы, детективы, фэнтэзи и другие.

Впервые типология сказок была предложена Т.Д. Зинкевич-Евстигнеевой [3]. Мы используем нескольку иную классификацию.

1) Диагностические сказки:

Авторские сказки – способствуют душевной открытости, позволяют через образы и чувства осознать свои внутренние переживания о частных сторонах жизни.

2) Воздействующие сказки:

Психокоррекционные сказки – мягко влияют на поведение человека, где непродуктивный стиль поведения с помощью коррекции заменяется на эффективный.

Психотерапевтические сказки – раскрывают смысл происходящего, позволяют увидеть историю с другой стороны, но всегда оставляют человека с вопросом.

Медитативные сказки – снимают психоэмоциональное напряжение, создают лучшие модели взаимоотношений и накапливают положительный образный опыт.

Дидактические сказки – позволяют преподносить учебный материал в увлекательной форме.

3) Развивающие сказки:

Художественные – это сказки, создаваемые народом в течение многих веков – бытовые, волшебные, сказки о животных. Рассказывают об оживших вещах, существах, явлениях природы, способных действовать самостоятельно.

Сказка помогает познавать окружающий мир: осмысляя сюжеты, мы видим себя и в мыслях героя, и в его действиях. У нас формируется определенное мнение о человеческих характерах, о типах взаимоотношений. Герои со страниц оживают и помогают в долгом процессе самосознания.

На наш взгляд, использование всех жанров метода сказкотерапии в учебно-образовательной деятельности, может способствовать развитию коммуникативной культуры студентов. Как бы необычно не звучала эта идея, но сказкотерапия способствует социальной реализации человека: с развитием эмоционально-волевой сферы корректируются эмоциональные проблемы, изменяется мировоззрение и поведение, следовательно, формируется созидательная система человеческих ценностей.

Многие исследователи считают, что человека нельзя назвать коммуникативно-культурным, если у него отсутствует духовная зрелость, низкий уровень речевого развития. Тексты сказок помогают верно строить диалоги и расширяют словарный запас, влияют на развитие связной монологической речи.

К тому же именно сказка способна заставить задуматься о духовных приоритетах, проанализировать свой нравственный потенциал.

Сказка может научить межличностному общению, подготовить нас жизни, оставить с вопросом внутри, сформировать важнейшие ценности, в них можно найти полный перечень человеческих проблем и способы их решения, это символический «банк жизненных ситуаций». Творческий подход к сказке стимулирует способность к размышлению. Сказки развивают «практический интеллект», передают жизненный опыт через образные истории и способствуют его накоплению.

Именно направленность сказкотерапии на ценностные установки личности, позволяет делать правильные выводы, а идеальное общение неотделимо от таких понятий как свобода, справедливость, равенство, любовь. Ценить в общении нужно не только свою свободу, а в первую очередь свободу другого. Общение, ориентированное на эти ценности, можно назвать гуманистическим, именно оно может сделать человека по-настоящему счастливым.

Л.С. Выготский настойчиво предлагал обратить внимание на феномен «засушенное сердце» [2,639] – отсутствие чувства, чему способствует и воспитание, и технологизация жизни: погружаясь в технический и виртуальный мир, подросток меньше общается с окружающими, что не может не сказаться на отзывчивости к чувствам другим.

Сказки на ярких и образных примерах доказывают, что толерантное общение, где контролируется свое речевое поведение, и отсутствует высокомерие, гордыня, должно стать основополагающим. Люди, грамотно отстаивающие свою позицию, умеющие сотрудничать с помощью вербальных и невербальных средств, всегда останутся в приоритете. И «бездуховность общения», о которой в последнее время не говорил только ленивый, уйдет в небытие.

Развитая личность характеризуется творчески оформленными высказываниями, насыщенными собственными аргументами, доказательствами и образными выражениями, к тому же иметь личное отношение к фактам и событиям.

Культура общения – это еще и такт, и уважение, и вежливость. А это не те ли основополагающие принципы, которым учит нас сказка? Брать на себя груз ответственности за содеянное, смело глядеть в лицо опасности, не бояться трудностей и мобилизовать свои силы в случае непредвиденных обстоятельств – эти принципы актуальны и в наше время. Сказкотерапия предлагает работу на ценностном уровне. И поэтому те, кто активно ищет нравственные ориентиры, могут обратиться к сказке и вспомнить о простых, но в то же время глубоких истинах, заново открыть их.

Литература

1. Вачков И.В. Сказкотерапия: Развитие самосознания через психологическую сказку. М., 2003.
2. Выготский Л.С. Проблемы эмоций. Вопросы психологии, 1958, №3.
3. Зинкевич-Евстигнеева Т. Д. Практикум по сказкотерапии. СПб., 2002.
4. Лопатина А., Скребцова М. Вечная мудрость сказок. М., 2010.

УДК 81'246.2(44)

Винарчик М.П.
старший преподаватель кафедры романской филологии и компаративистики, аспирант кафедры общей педагогики и дошкольного образования Дрогобычского государственного педагогического университета имени Ивана Франко (г. Дрогобыч, Украина)
marie-vynarchyk@mail.ru

ОСОБЕННОСТИ БИЛИНГВАЛЬНОГО УЧЕБНОГО ПРОЦЕССА ВО ФРАНЦИИ

Анализ научно-педагогической литературы свидетельствует, что эффективность билингвального образования во Франции в большой степени обеспечивается использованием интерактивных методов обучения иностранному языку. Основными дидактическими принципами являются получение и углубление знаний, умение быстро и легко адаптироваться к специфике дисциплины, эффективно использовать дидактические средства (карты, схемы, графики, диаграммы). Акцент ставится на умениях анализировать, обобщать, интерпретировать, вступать в дискуссии и поддерживать разговор.

Как отмечают исследователи Л. Коллес, М. Вандам, [1, 182], билингвальный учебный процесс должен быть интенсивным для того, чтобы учащиеся смогли быстро овладеть иностранным языком и перейти к изучению на нем нелингвистических дисциплин. Во Франции чаще всего для билингвального обучения выбирают географию и историю, начиная с 3-го класса колледжа. Учебный процесс разделен на циклы, в течение которых школьники овладевают практическими навыками аргументации, абстрактного и критического мышления, открытого европейскими мировым культурам. Факторы, которые этому способствуют:

• разнообразие учебников и дополнительной литературы;
• квалифицированный специалист в центре всего учебного процесса;
• массовая компьютеризация обучения.

Учебники во французских учебных заведениях многочисленны и разнообразны, они служат прогрессу на каждом занятии, а весь билингвальный процесс изучения иностранного языка включает, прежде всего, коммуникацию: умение задавать вопросы и отвечать на вопросы других, участвовать в дискуссиях, вести диалоги и составлять монологи...

Ф. Прадал считает, что на пути коммуникативному процессу часто становится свойственна некоторым ученикам чрезмерная скромность и неуверенность, которая провоцирует у них страх оказаться в ситуации, когда они не смогут высказаться и понять собеседника. ''Будем откровенны: редко случается так, что человек, впервые оказавшись за границей, в магазине или ресторане не испытывает минимум дискомфорта перед тем, как спросить или попросить что-то. В большинстве случаев именно страх высказаться неправильно вызывает те негативные эмоции, которые препятствуют мысли, а следовательно, коммуникация становится невозможной. В школьной среде страх вызывает у ученика беспокойство и ведет к потере концентрации и внимания, так как он боится разочаровать наставника и быть осмеянным товарищами'' [3, 32]. Речь идет, прежде всего, о представителях национальных меньшинств, для которых интеграция в доминирующее среду непростая. В такой ситуации необходима квалифицированная поддержка учителя.

Изучив современную ситуацию во французском обществе и, школе в частности, можем утверждать, что она характеризуется плюрализмом вероисповеданий и с раннего детства готовит школьников к межкультурному диалогу. 62% учащихся французских школ – католики. Колличество людей некатолических веры – мусульман, протестантов, евреев, увеличивается ежегодно, а следовательно увеличивается и влияние разных религий и культур на французское общество. Мусульмане составляют во французской школе 6% населения, что ставит ислам на второе место. В основном, ученики-мусульмане – это выходцы из стран Африки и Азии. Они стараются все больше интегрироваться во французское общество и оказывать свое влияние не только на правительство, но и на школу, организуя среди учащихся колледжей и лицеев традиционные мусульманские праздники, ведя теле- и радиопередачи для школьников. Значительное влияние на образование имеют также протестанты (2% населения) и евреи (1%), но они не так радикально настроены, как представители мусульманских общин [2, 48].

Плюрализм вероисповеданий и культур заставляет французское правительство и Министерство образования Франции относиться к вопросу преподавания религий во французской школе очень осторожно, учитывая также кому именно из учителей доверить преподавание такого предмета и каким образом осуществлять контроль за преподаванием и обучением. Ведь во все времена, одним из приоритетных направлений воспитания в демократическом обществе было формирование образованных граждан, способных принимать участие в общих дискуссиях и публичных дебатах. Это означает, что признание других – это не только знание их привычек и убеждений. Речь идет о воспитании уважения к человеку, что позволит ему чувствовать себя принятым в обществе, признанным в своей собственной идентичности [4, 44].

Организация учебно-воспитательного процесса в лицее Пастера во французском городе Безансоне имеет четкую коммуникативную направленность. На примере франко-российской секции мы увидели, как умело учитель организовал дискуссию в форме диалога по произведению В. Войновича ''Монументальная пропаганда''. Педагог имел возможность учиться в Московском университете имени Михаила Ломоносова, поэтому смог легко ввести учащихся в реалии русского быта и этим способствовал лучшему пониманию произведения. Положительным моментом на билингвальном занятии было чтение учителем отдельных абзацев текста с последующим коментированием.

По мнению большинства специалистов билингвального обучения, ученики лучше воспринимают мифологические тексты и сказки, что объясняется простотой языка, наличием общеупотребительных слов, отсутствием сложных временных форм и конструкций. Целесообразно использовать рисунки, фото, карты, графику, связанных с литературным текстом; видео (художественные и документальные фильмы), аудио (записи на иностранном языке), информатику (использование Интернета, создание сайтов). Наблюдение за билингвальным учебно-педагогическим процессом в лицее Пастера и колледже Сен-Жозеф в городе Безансоне показали, что мотивация французских школьников становится больше, если овладение иностранным языком сопровождается изучением культуры носителей языка. Ученики с большим интересом относятся к истории, культуры, традиций страны изучаемого языка.

Вместе с тем, необходимо отметить, что билингвальное образование является инновационным типом образования и поэтому требует глубокого анализа и осмысления; билингвальное образование требует учета не только национальной принадлежности школьников, но и религиозной.

Вектор педагогического поиска в условиях билингвального образования направлен от традиционной, познавательно-ориентированной парадигмы образования к личностной. Основной ценностью билингвальное образование провозглашает становления личности, придавая особое значение спонтанному, естественному развитию ребенка. Ученик при этом рассматривается как личность, которая сама может и должна при поддержке учителя выбрать такой путь развития, который поможет развить собственные индивидуальные задатки и достичь самореализации. Функция педагога в условиях билингвального образования заключается во внимательном наблюдении за личностным становлением детей, постоянном учете их индивидуальных интересов и проблем, определении на этой основе цели воспитания, путей и средств ее реализации.

Литература :

1. Collès L. L'enseignement du français et en français dans les écoles européennes de Bruxelles / L. Collès, M. Vandamme // Le français dans le monde. – Paris, 2008. – № 44. – P. 178-184.
2. Kimmel A. L'état des religions / Alain Kimmel // Le français dans le monde. – Paris, 2005. – № 342. – P. 42-43.
3. Pradal F. Surmonter la peur, dépasser le blocage / F. Pradal // Le français dans le monde. – Paris, 2008. – № 357. – P. 32.
4. Rolland-Gosselin E. Cultures et relations interculturelles / E. Rolland-Gosselin // Le français dans le monde. – Paris, 2005. – № 339. – P. 38-40.

Шевчук А.В.
доктор политических наук, профессор, декан факультета политических наук Черноморского государственного университета имени Петра Могилы (г. Николаев, Украина)

КНР В СИСТЕМЕ НАЦИОНАЛЬНЫХ ИНТЕРЕСОВ США

Переход человечества из XX века в XXI век сопровождался существенными изменениями в системе международных отношений. Разрушилась политико-идеологическая двухполюсность мира. Стала набирать темпы экономическая и политическая глобализация международных отношений.

Биполярное военно-политическое противостояние исчезло, международные отношения освободились от силовой глобальной конфронтации. Но это не привело к уменьшению конфликтных ситуаций в мире. Не только сохранился ряд старых противоречий, но и появилось множество новых, точнее, таких, которые долгое время назревали латентно, сдерживались жесткими рамками конфронтации, а после ее прекращения вышли на поверхность имея зачастую неконтролируемое развитие. В этом контексте, существенным детерминирующих фактором международных отношений является проблема применения вооруженных сил для решения проблемных вопросов международных отношений .

Военные операции США в Афганистане в ответ на теракт 11 сентября 2001, Ирака против владения Багдадом оружия массового уничтожения, а также в Ливии против тирании показали, что самая мощная держава современности не откажется от активного применения силы за рубежом.

Поэтому особенно важным и актуальным становится вопрос, против какой угрозы следующий раз будет использована военная сила ?

Анализ ведущих американских изданий, выступлений политических и государственных деятелей США сквозь призму контент-анализа показал, что угрозы, названные американскими политологами, абстрактные и не связаны с какой-то определенной страной. Страны или регионы упоминаются как опасность только в контексте иллюстрации к основной проблеме. Исключением из названной тенденции абстрагирования угроз в американской политической мысли есть видение опасности со стороны Китая. Данная страна упоминается наиболее часто с абстрактной угрозой конфликта за мировое доминирование. Так, президент Центра стратегических и бюджетных оценок Эндрю Крепиневич называет важной проблемой безопасности угрозу постоянно и динамично растущую мощь Китая. По его мнению, Пекин становится все более агрессивным и проводит активную территориальную экспансию [1].

Того же мнения придерживается и известный ученый, бывший заместитель министра обороны США Петер Брукс. Он считает, что наибольшей угрозой военному доминированию США является именно КНР. Свои предположения эксперт основывает на том, что сейчас Пекин увеличил в два раза финансирование обороноспособности страны. Более того, Китай, по данным исследователя находится на втором месте по количеству военных расходов после США. В настоящее время своей военной целью Китай, согласно предположению П. Брукса, видит Тайвань, а в дальнейшей перспективе его военные цели должны будут выйти за пределы Восточной Азии, что негативно скажется на позициях США в регионе и в мире в целом [2].

В той или иной степени подобные позиции характерны для представителей различных течений и направлений американской международно-политической науки . Вариативность их позиций объясняется потребностью развития отношений с КНР в системе координат от «сдерживания» к «сотрудничеству».

Однако необходимо отметить, что экспертное сообщество не склонно рассматривать угрозу со стороны Китая как наиболее значимую для Вашингтона. Высказанный тезис доказывается, во-первых, тем, что американские политические исследователи используют мягкую лексику, говоря о Китае. Так они активно используют слово «вызов » вместо «угроза». Во-вторых, американское политико-академическое сообщество склонно рассматривать вызов безопасности со стороны КНР в долгосрочной перспективе . В-третьих, Китай определяется американскими специалистами как «растущее государство», граница действенности которой ограничивается в обозримой перспективе только Азией . Таким образом, КНР не представляет прямой угрозы США, которые распространяет свое влияние в глобальном измерении .

Таким образом, КНР сохраняется в фокусе внешнеполитических приоритетов США. Инновационным фактором, который способствовал росту заинтересованности США в развитии стабильных и конструктивных отношений с Китаем стал мировой финансово-экономический кризис. На сегодняшний день КНР является крупнейшим зарубежным держателем долговых обязательств США на сумму 1,3 трлн долл., что составляет 24 % американского внешнего долга, принадлежащего иностранным государствам. Китай фактически оплачивает значительную часть американского бюджетного дефицита, помогает оберегать от колебаний фондовый рынок и удерживать низкие процентные ставки. Запасы долларов США в валютных резервах КНР превышают 2 трлн . [3] .

Именно экономическое измерение двусторонних отношений, определяет заинтересованность двух сторон в прогнозируемом и устойчивом развитии отношений. Проблемные же вопросы будут решаться в зависимости от национальных интересов, а одним из определяющих среди них является, как для США, так и КНР сохранение стабильности национальной экономической системы.

Литература

1. Krepinevich E., Work R., Martinage R. Challenges to US national security // Center for strategic and budgetary assessments [Electronic resource]. URL: http://www.csbaonline.org/wp-content/uploads/2011/02/2008.08.21-Challenges-to-USSecurity.pdf
2. Brookes P. Defending Against Rogue States and Rising Powers // Military.com [Electronic resource]. URL: http://www.military.com/opinion/0,15202,192939,00.html
3. Самофалов В. Китай-США: "большая двойка" или новая холодная война? [Електронний ресурс]. URL: http://gazeta.zn.ua/international/kitay-ssha-bolshaya-dvoyka-ili-novaya-holodnaya-voyna-_.html

Соболева А.А.
студентка 5 курса ФГБОУ ВПО «Нижегородский государственный педагогический университет им. Козьмы Минина»,
Медведева Е.Ю.
кандидат психологических наук, доцент кафедры специальной психологии и педагогики ФГБОУ ВПО «Нижегородский государственный педагогический университет им. Козьмы Минина»

ПСИХОЛОГО-ПЕДАГОГИЧЕСКОЕ СОПРОВОЖДЕНИЕ ДЕТЕЙ ДОШКОЛЬНОГО ВОЗРАСТА С РЕЧЕВОЙ ПАТОЛОГИЕЙ

Под психолого-педагогическом сопровождением понимается комплексное индивидуальное сопровождение ребенка дошкольного возраста с ограниченными возможностями здоровья, которое способствует оптимизации его развития, успешной социальной адаптации, психолого-педагогической помощи на этапе предшкольной подготовки. Это система организационных, диагностических, коррекционно-развивающих мероприятий для педагогов, родителей и детей, создающих оптимальные условия для функционирования коррекционно-образовательной среды, дающей личности возможность самореализоваться. Среди детей с ограниченными возможностями здоровья специалисты разного профиля особо выделяют речевую патологию, которая может возникнуть на самых ранних этапах онтогенеза. Речевая патология – одна из наиболее острых психолого-медико-педагогических проблем. Участие нейропсихологического подхода к решению широкого круга дизонтогенетических проблем позволяет установить первичные патогенетические механизмы, связанные с особенностью мозгового онтогенеза, и предложить адекватные методы коррекционного воздействия.

На сегодняшний день широко известны и активно внедряются в практику коррекционно-абилитационные методы, разработанные Л.С. Цветковой и ее учениками, Т.В. Ахутиной и Н.М. Пылаевой, А.А. Цыганок, Н.К.Корсаковой и Ю.В. Микадзе и др. Валидность и эффективность нейропсихологических технологий признаются всеми специалистами, работающими над проблемой психолого-педагогического сопровождения детей с ограниченными возможностями здоровья[1,2,3]. Анализ литературы, связанный с проблемой диагностики показывает, что именно нейропсихологический подход часто оказывается более объективным, чем традиционный психолого-педагогический, так как позволяет более точно и обоснованно, как теоретически, так и методически, подойти к решению задач диагностики. Данное понимание вопроса определило цель нашего исследования - разработать модель психолого-педагогического сопровождения детей дошкольного возраста с речевой патологией.

Данное экспериментальное исследование проходило на базе МБДОУ комбинированного вида г.Нижнего Новгорода.

В программу экспериментального исследования входили классические пробы на исследование латеральных предпочтений, моторной и сенсорной асимметрии, двигательных функций.

При исследовании латеральных предпочтений было выявлено, что 86,7% детей экспериментальной группы имеют доминантность левого полушария, соответственно у 13,3% детей наблюдается доминантность правого полушария. Латеральный коэффициент, который соответствует +\-100 имеют 20% детей, коэффициентные значения остальной группы варьируются от 85до 38. При чем, значение +38 относительно приближено к амбилатеральному, что в дальнейшем может помочь уточнить и детализировать выполнение других проб.

Исследование моторной асимметрии было направлено на определение ведущей ноги и доминантной стороны тела. На определение ведущей ноги были направлены 3 пробы. В результате лишь 26,7 % случаев во всех пробах показывали одну ведущую ногу - правую. В 2 из 3 проб показали левую ногу 20% испытуемых и 53,3% в 2 пробах показали правую ногу. При определении ведущей половины тела ситуация следующая: у 46,7 % испытуемых доминирует левая половина тела, у 53,3 % детей доминирует правая половина тела.

При исследовании сенсорной асимметрии детей исследовалась функциональная слухоречевая и зрительная асимметрия. В исследовании слухоречевой асимметрии 40 % испытуемых показали правое ведущим ухом; 33,3% детей в 2 из 3 проб показали правое ухо, 26,7 % детей в 2 из 3 проб показали левое ухо. При исследовании зрительной асимметрии 33,3 % пользовались правым глазом как ведущим, 40 % испытуемых в 2 из 3 проб пользовались правым глазом, а 26,7 % соответственно в 2 из 3 проб пользовались левым глазом.

Исследование двигательных функций проводилось относительно кинестетического и кинетического (динамического) праксиса и здесь были получены качественные специфические особенности выполнения детьми заданий. При исследовании кинестетического праксиса были выявлены следующие результаты: без дополнительных разъяснений ни один ребенок не выполнил все предложенные задания; особо трудными оказалось задание, требующее переноса поз по кинестетическому образцу; наиболее простым оказалось задание, направленное на исследование орального праксиса, вероятно это связано с тем, что с детьми проводилась систематическая логопедическая работа и данные упражнения им знакомы, факт выполнения артикуляционных поз в определенной последовательности не повлиял на качество и быстроту выполнения.

Проба на «праксис поз по зрительному образцу» имела следующие качественные особенности выполнения: затруднения были в дифференцировании указательного и безымянного пальцев; трудности были в одновременном показе указательного и мизинца - часть детей помогали себе другой рукой, другие - показывали иную позу (указательный и средний палец); также проблемой оказалось медленная работа, что говорит о трудностях включения в задание или переключаемости с одной позы на другую. Положительный эмоциональный интерес у детей вызвала проба «праксис поз по кинестетическому образцу», потому как требовала сосредоточения на тактильных ощущениях, вероятно, именно поэтому данная проба вызывала интерес, при этом степень сосредоточения, соответственно, была качественно выше.

При исследовании кинетического (динамического) праксиса наиболее показательными и интересными с точки зрения выполнения оказались пробы «Кулак - ребро - ладонь» и реципрокная координация рук.

Проба «кулак - ребро - ладонь» без дополнительных разъяснений и верно выполняют 20% детей, для 33,3% - задание недоступно даже после подробного многократного разъяснения и показа со стороны психолога. В 6,6% случаев дети выполняли данную пробу в иной последовательности, но системно правильно, даже после повторного показа продолжали выполнять также; у 40,1% испытуемых наблюдалась тенденция к динамически ярко окрашенной конкретизации действий, т.е. высоко над поверхностью стола поднимали руки и достаточно громко воспроизводили пробу, при этом отсутствовала плавность и дозированность движений.

Сложности возникли и с пробой «реципрокная координация рук». При ее выполнении были характерны следующие тенденции: также как и при выполнении предыдущей пробы - выполнение много выше плоскости поверхности стола и невозможности воспроизвести на поверхности; 26,6% детей выполняли пробу путем движения рук в локтевых суставах, а не кистью; имелись тенденции и к выполнению не совместно обеими руками, а по отдельности каждой (26,6%).

Графическая проба «Заборчик» была выполнена верно с точки зрения неотрывного выполнения и правильно с точки зрения качества – 20% детей; ошибки наблюдались в том, что дети либо концентрировались на том, чтобы выполнить такой же рисунок и при выполнении наблюдались разрывы, либо акцентировали внимание на неотрывном выполнении и страдало качество выполнения - склонность к увеличению узора. Контроль над 2 составляющими оказался достаточно трудными для детей данной категории.

Проба на оральный кинетический праксис проводилась по показу психологом. С данной пробой также справилось большинство детей, трудности возникли лишь в некоторых случаях с воспроизведением мимических проявлений (улыбается и хмурится) у детей, которые эмоционально не стабильно с точки зрения поведенческих реакций вели себя во время проведения обследования.

Таким образом, проведенное экспериментальное исследование легло в основу разработки целостной системы психолого-педагогического сопровождения детей с речевой патологией. Выявляя особенности межполушарного взаимодействия и межполушарной асимметрии, специалисты ДОУ: педагог-психолог, учитель-логопед, музыкальный руководитель, хореограф, инструктор по физической культуре, а также воспитатели, взаимодействуя, имеют возможность выстраивать воспитательно-образовательный процесс, учитывая индивидуальные особенности каждого ребенка.

Список литературы:

1. Визель Т.Г. Основы нейропсихологии.–М.: В. Секачев, 2013–264 с.
2. Межполушарное взаимодействие: Хрестоматия / Под ред. А.В. Семенович, М.С. Ковязиной. –М.: Генезис, 2009. – 400 с.
3. Микадзе Ю.В. Нейропсихология детского возраста.– СПб: Питер, 2008–288 с.

Хоконова М.Б.
доктор с.-х. наук, доцент кафедры Технология производства и переработки с.–х. продукции
ФГБОУ ВПО «Кабардино-Балкарский государственный аграрный университет им. В.М. Кокова»
E-mail: dinakbgsha77@mail.ru

СОЛОДОВЕННОЕ ПРОИЗВОДСТВО В КБР

Одной из актуальных задач пивоваренной промышленности Кабардино-Балкарской республики является организация солодовенного производства на базе отечественных сортов пивоваренного ячменя.

В республике пивоваренные предприятия закупают импортный (Германия) и поставляемый из других регионов солод.

В данной работе исследовали четыре сорта ярового ячменя – Стимул, Виконт, Приазовский 9, Мамлюк. В качестве пивоваренного в Государственный реестр селекционных достижений, допущенных к использованию по Северокавказскому региону, включен сорт Приазовский 9 [1,18].

Для аналитических исследований использовали стандартные методики, принятые в пивоваренной промышленности. В готовом солоде после сушки и 1 месяца отлежки определяли – содержание аминного азота, редуцирующих веществ, экстрактивность, влажность, кислотность, цветность и вязкость [2,24].

Пивоваренный солод производился следующим образом: очищенный и отсортированный ячмень из зерносклада ленточным транспортером и норией подается в расходные бункера, расположенные над моечным чаном. Из расходных бункеров зерно через автовесы Д-100 самотеком поступает в моечный чан № «О», в моечном чане удаляется сплав, затем зерно подвергается мойке, дезинфекции хлорной известью из расхода 150-300 г на 1 т ячменя.

После дезинфекции ячмень из моечного чана № «О» перекачивается в моечно-замочные чаны, вначале в чан № 2, затем в чан № 1. Хорошо промытый ячмень из чана № 1 центробежным насосом перекачивается в солодорастильные ящики.

Моечный чан № «О» необходимо набирать водой на 1/3 объема, открыть систему орошения, затем открыть заслонку самотека над автовесами Д-100.

Недостаточная промывка ячменя может вызвать согревание его в солодорастильных ящиках, вследствие развития многочисленных микроорганизмов, находящихся на поверхности зерен [3,6].

Если не провести дезинфекцию зерна и оборудования, то это может вызвать развитие плесневых грибов при проращивании ячменя.

Следовательно, необходима тщательная мойка, дезинфекция зерна и немедленное удаление грязной воды в начальный период замачивания.

Солодорастильное отделение предназначено для замачивания ячменя и приготовления зеленого солода.

Промытый ячмень подается из чанов в солодорастильный ящик, где производится его дозамачивание – методом орошения.

Первое орошение производится сразу же для выравнивания слоя ячменя на сите ящика. Замочка ячменя производится орошением водой через форсунки оросительного устройства во время прогона ворошителя. Орошение зерна производят через каждые 6 часов и прекращается через 40 часов после достижения градуса замочки 43-54 % (в зависимости от перерабатываемого ячменя).

Процесс солодоращения ведется при непрерывной продувке кондиционированным воздухом. Воздух нагнетается индивидуальными для каждой камеры кондиционирования, вентиляторами проходит через камеру кондиционирования, где при помощи распыленной форсунками воды очищается от пыли, охлаждается и максимально насыщается влагой.

Кондиционированный воздух поступает в общий, для всех солодорастильных ящиков - воздушный канал, оттуда при помощи шиберов, установленных в топке подситового пространства каждого солодорастильного ящика, распределяется по солодорастильным ящикам. Влажность кондиционированного воздуха должна быть максимальной. До окончания солодоращения, влажность зерна не должна понижаться ниже 43 %. Температура зерна во время солодоращения поддерживается в пределах 14-19^{0}С в зависимости от суток ращения.

Сутки ращения	Температура в солоде
1	14-15
2	15-16
3	16-18
4	18-19
5	18-19
6	17-18
7	16-17

Регулировка температуры в зеленом солоде производится подачей кондиционированного воздуха с определенной температурой и интенсивностью его подачи в подситовое пространство ящика путем регулировки шиберами.

При данном способе нет четкого разделения фаз замочки ращения. В период замочки происходит рост корешков, ростков. Во время солодоращения в зерне ячменя происходят сложные биохимические превращения: накапливаются ферменты, под действием которых изменяется состав зерна и его структура – зерно «растворяется». Получается конечный продукт содоращения, так называемый «зеленый солод». Зеленый солод из солодорастильных ящиков подается в сушилку при помощи всасывающего пневмотранспорта, в состав которого входят: вакуум-насосы 5 шт., разгрузители 2 шт., со шлюзовым затвором 2 шт. и система трубопроводов.

Забор солода из ящиков ведется гибким гофрированным прорезиненным шлангом, подсоединенным к патрубку всасывающей линии пневмотранспорта на разгружаемом солодорастильном ящике, шланг переносится по ящику вручную.

Нарушение графика ворошения, плохое продувание и избыточное или недостаточное орошение солода водой могут дать тестообразное растворение эндосперма. Такой солод при сушке будет стекловидным.

Нарушение температурного режима солодоращения приводит к ухудшению качества готовой продукции.

Несвоевременная очистка и дезинфекция оборудования влияет на качество солода.

Таким образом, необходимо вести режим солодоращения согласно графику и своевременно производить профилактические работы по чистке оборудования.

Сушка солода производится на вертикальной сушилке следующим образом: выгружаемый шлюзовым питателем из разгрузителя всасывающей пневмотранспортной установки зеленый солод самотеком поступает в одну из двух поворотных труб, установленных на площадке. При помощи поворотных труб производится загрузка освобожденных от солода сушильных шахт верхнего яруса сушилки. После загрузки всех шахт укладывается слой солода высотой 20-30 см на решетку подвяливания, который служит для наполнения шахт сушилки во время сушки солода. На одну загрузку уходит зеленого солода в количестве 20-22 тонн.

Сушилка разделена на 3 яруса. Через каждые 12 часов производится выгрузка солода из нижнего яруса сушилки, а на средний ярус перепускают солод из верхнего яруса. Общая продолжительность сушки солода 36 часов.

Режим сушки солода (светлого) на вертикальной солодосушилке

Часы сушки	Температура входящего воздуха в сушилку		
	нижний ярус	средний ярус	верхний ярус
1	65	50	30-40
2	65	55	42
3	67	55	44
4	70	57	46
5	73	58	48
6	75	59	50
7	78	59	51
8	80	63	52
9	85	65	53
10	85	68	54
11	85	70	55
12	60	50	-

Все физико-химические и технологические показатели полученного готового солода представлены в таблице.

Таблица

Показатели качества готового солода

Показатели	Солод из ячменя			
	Стимул	Мамлюк	Приазовский 9	Виконт
Влажность, %	6,4	6,7	5,9	7,3
Экстрактивность,%	75,6	76,6	79,9	79,3
Кислотность, к.ед.	1,08	1,08	1,24	1,28
Цветность, ц.ед.	0,27	0,26	0,30	0,28
Вязкость, мПа с	1,54	1,61	1,34	1,36
Аминный азот, мг/100 г экстракта	263,0	262,0	281,0	276,0
Редуцирующие вещества, г/на 100 г экстракта	68,8	66	78,3	74,3

Согласно данным таблицы, лучшим растворением обладал солод, полученный из ярового ячменя сортов Приазовский 9 и Виконт. Об этом можно судить по увеличению экстрактивности, содержанию редуцирующих веществ и аминного азота, а также уменьшению вязкости.

По органолептическим показателям полученный солод имеет:
- цвет от светло-желтого до желтого;
- запах свежий огуречный;

- вкус сладковатый.

По результатам исследований можно выделить сорта ярового ячменя Приазовский 9 и Виконт, имеющие высокое качество зерна, отвечающее требованиям пивоваренной промышленности. Также они представляют ценность для селекционной работы при создании новых высокопродуктивных сортов пивоваренного направления, адаптированных к условиям республики.

Таким образом, предложенная технология позволяет получать пивоваренный ячменный солод высокого качества.

Литература:

1. Блиев С.Г. Проблемы качества зерна. – Нальчик: Эль-фа, 1999. – 380 с.
2. Ермолаева Г.А. Справочник работника лаборатории пивоваренного предприятия / Г.А. Ермолаева.- СПб.: Профессия, 2004. - 176 с.
3. Кунце В. Технология солода и пива / В.Кунце, Г.Мит.- СПб.: Профессия, 2009. – 1064 с.
4. Меледина Т.В. Сырье и вспомогательные материалы в пивоварении / Т.В. Меледина.- СПб.: Профессия, 2003. – 304 с.

Апанасенко О.Н.
кандидат пед. наук, доцент АОУ ВПО «Ленинградский государственный университет им. А.С. Пушкина»

ПАТРИОТИЗМ В СИСТЕМЕ ЦЕННОСТЕЙ РОССИЙСКОЙ МОЛОДЕЖИ

Государственная программа «Патриотическое воспитание РФ на 2001-2005 гг.» была ориентирована на все социальные слои населения и определяла основные пути развития системы патриотического воспитания граждан. Программа, конечно, хорошая, но давайте спросим себя: где результат? Стало ли у нас меньше уклонистов от выполнения долга по защите Отечества? Перестала наша молодежь искать работу на Западе? Стали лучше жить наши ветераны, проработавшие всю жизнь за светлое будущее Родины? Или наши состоятельные люди лечатся и учат своих детей и внуков в своей стране? Может быть, появились меценаты, подобные Морозовым, Демидовым, Третьяковым? Ответ, к сожалению, не утешителен.

Усилия политических партий и общественных объединений в деле патриотического воспитания очень часто приводят к противоположному результату: пропаганде и разжиганию национализма, шовинизма и прочих человеконенавистнических - измов.

Так почему, не занимаясь патриотическим воспитанием, мы получаем апатичных и ни во что не верящих молодых людей, а, занимаясь – зачастую скатываемся к национальному эгоизму? Где та грань, которая отделяет патриотизм от национализма, любовь от ненависти?

Уточним, что мы понимаем под дефиницией патриотизм и на какое место в системе ценностей его ставит русское молодое поколение?

Патриотизм (греч. patris – родина, отечество) – любовь к отечеству, состоящая не только в привязанности к стране и народу, к которому человек принадлежит по рождению, но и в общем образе мысли и чувствах, заставляющих отдельное лицо жертвовать личными интересами на пользу своего отечества и своего народа [1].

Система ценностей - это нечто целое, представляющее единство закономерно расположенных и находящихся во взаимной связи важных, значимых для человека принципов и явлений (любовь, здоровье, дружба, верность и т.п.). Иными словами, это определенный порядок наиболее весомых, нужных человеку явлений.

У каждого человека своя система ценностей: во-первых, она различна у людей разного возраста (ценности семилетнего ребенка отличаются от системы ценностей взрослого человека); во-вторых, система ценностей мужчин отличается от системы ценностей женщин; в третьих, у людей разных национальностей разные системы ценностей (это зависит от культуры страны или нации в целом).

Одни на первое место ставят любовь, другие – здоровье, третьи – деньги, четвертые – патриотизм и т.д. По мнению В.И. Лутовинова, патриотизм проявляется, прежде всего, в духовно-нравственной сфере жизни общества. Его роль и значение возрастают, когда объективные тенденции развития общества сопровождаются повышением напряжения сил его граждан (война, конфликты, обострение кризисных явлений, дестабилизация жизни в стране и т.п.) [1, 52].

По мнению молодых людей, быть патриотом, прежде всего, означает следующее: любить Родину (50%); верить в будущее России (49%); знать и ценить культуру народов России (37%); быть готовым защищать Россию с оружием в руках (31%); гордиться славным прошлым (24%).

По результатам опроса, большинство молодых людей ставят патриотизм на одно из первых мест. Но, к сожалению, в жизни это не всегда так. В наше время молодежь гораздо больше внимания и времени уделяет своей успешности, построению карьерных перспектив для того, чтобы обеспечить комфортную жизнь себе и своим детям. Молодые люди очень часто уезжают за границу, где больше возможностей для карьерного роста. В таких случаях патриотизм отодвигается по шкале ценностей вниз. Видимо, такие люди считают, что патриот – это человек, не только преданный отчизне, но и верный интересам какого-либо дела, горячо любящий что-либо.

Мы провели опрос среди молодых людей (120 чел.) в возрасте 18-25 лет. Из них патриотами себя считают лишь 50%, не считают себя патриотами 33% опрошенных и 17% затруднились с ответом. Причем, если бы появилась возможность уехать за границу работать, то 75% с легкостью уехали бы. На вопрос «считаете ли вы себя патриотом?» - 25% опрошенных отметили, что любят свою страну и народ; 25% верят в то, что в нашей стране можно получить хорошую работу и жить благополучно. Кроме того, 17% ответили, что здесь находятся их семья, корни, друзья. Были ответы «просто ничего не хочется менять», «привыкли к родным местам».

На вопрос «почему вы не считаете себя патриотом?» 16% ответили, что государство не уважает свой народ, 14% не верят в то, что в нашей стране нет возможности получить хорошую, интересную высокооплачиваемую работу, а 3% не привязаны к своей стране или просто не задумывались на эту тему.

Но почему это происходит, ведь во времена молодости наших родителей было гораздо больше патриотов. В то время патриотизм воспитывался в детях, а сейчас почти никто об этом даже и не задумывается.

Накануне праздника 23 февраля Всероссийский центр изучения общественного мнения опубликовал данные о том, насколько россияне были информированы о государственной программе «Патриотическое воспитание граждан РФ на 2006-2010 гг.» и что, по мнению опрошенных, нужно делать государству для воспитания патриотических ценностей у детей и молодежи. О госпрограмме по патриотическому воспитанию граждан информирована треть россиян (34%), в том числе 6% хорошо знают об этом и 28% слышали крайне мало. Не знает о программе большинство – 62%, уровень информированности о госпрограмме, как правило, тем выше, чем выше уровень образования опрошенных.

Итак, в большей степени патриотизм как ценность зависит от государства и семейного воспитания. Ведь страна не будет успешной, пока молодежь не станет любить, уважать и пытаться сделать ее лучше. Поэтому, если не все, то очень многое в руках нашей молодежи, а значит, в наших с вами руках.

Литература:

1. Лутовинов, В.И. Гражданско-патриотическое воспитание сегодня. – Педагогика. - 2006. - №5. – с. 52-59

Морозова А.С.
соискатель ученой степени кандидата социологических наук Ульяновского государственного университета
morale00@mail.ru

ЦЕННОСТИ ЧЕЛОВЕКА В КОНТЕКСТЕ МЫСЛЕЙ О СМЕРТИ

> «Смерть – поистине гений-вдохновитель, или музагет философии»
> А.Шопенгауэр

Мысли о смерти посещают человека не обязательно в результате каких-либо серьезных потрясений. Периодически каждый мыслящий индивид задумывается о смысле существования и его конечности. К факторам, влияющим на восприятие мысли о смерти, можно отнести социальную среду, способствующую развитию личности, а также – внутренние глубинные мотивы субъективного восприятия. Чтобы понять, какая реакция соответствует тому или иному фактору, следует обратить внимание на ценностные ориентиры.

Человек – биосоциальное существо, живущее по законам общества, которое конструирует и транслирует ценности в соответствии с законами морали и нравственности. Взяв за основу пирамиду потребностей Маслоу, очевидно, что на первом месте для человека находятся физиологические аспекты жизни. Пока они не удовлетворены, более высокие ценностные ориентиры отходят на второй план. Самые сложные в достижении – духовные ценности представляют наибольший интерес для исследования. Тем не менее, вопрос жизни и смерти пронизывает «пирамиду» от основания до верхушки. Руководствуясь общественными стандартами, человек не представляет свое существование без атрибутов «хорошей жизни», будь то возможность сытно поесть или достичь карьерных успехов. Очевидно, что мысли о смерти являются для него чем-то пугающим и нереальным. Как можно в одночасье потерять всё, к чему шел всю жизнь? И что там, за границей земного бытия? Подобные вопросы вселяют панический страх в души и отрицание вопроса в целом.

В работе «Гигиена души» Фейхтерслебен выдвигает идею о взаимосвязи духовного мира человека и среды, в которой он обитает: "Душа наша, как неуловимая жидкость, всюду проникающая, беспрепятственно оказывает свое влияние и на внешний мир в ее животных проявлениях; она, сообразно с этими проявлениями, изменяет ту материальную среду, где они происходят. Присутствие добродетельного человека улучшает окружающие воздух и почву; зло и беззаконие, напротив того, распространяют вокруг физическую заразу"[1,7]. Подобное воззрение характерно для Бехтерева: «В собирательной человеческой личности все взаимно связаны друг с другом, и нет ни одного происшествия, которое не отразилось бы в той или иной мере всюду. Один подвиг вызывает преемственно другой подвиг, и одно преступление влечет за собой другое преступление»[1,8].

Зачастую ценностная иерархия претерпевает изменения в контексте мыслей о смерти или её приближении. На первый план выдвигаются духовные, моральные и социальные ценности. Также возможен и обратный эффект, когда человек не может справиться со страхом и пытается всеми способами (как правило, примитивными) избежать рассуждений «о вечном». По словам А.Шопенгауэра: «Едва ли даже люди стали бы философствовать, если бы не было смерти»[3,1]. Подтверждая свою точку зрения, философ приводит в доказательство разумность человека и его способности к самоанализу: «рефлексия, которая повлекла за собою сознание смерти, помогает нам создавать себе такие метафизические воззрения, которые утешают нас в этом и которые не нужны и не доступны животному»[3,1]. На протяжении столетий такие способы ищут религиозные и философские системы. Потому отношение к смерти разнится не только в зависимости от умственных способностей и личного опыта, но и от нравственного сознания, транслируемого той или иной религией. Если «в Европе мнения человека – и часто даже одного и того же человека – сплошь да рядом продолжают колебаться между пониманием смерти как абсолютного уничтожения, и уверенностью в нашем полном бессмертии с ног до головы» [3,1], то в Индии «царит спокойствие и презрение к смерти»[3,1]. Зависимость ценностных ориентиров от социальной среды достаточно хорошо просматривается. В состоянии уверенности в бесконечности существования человек не зацикливается только на материальных ценностях, развивая в себе более «высокие»- духовные. В противоположном варианте (когда смерть воспринимается как неизбежное зло) индивид старается всеми способами наполнить свою жизнь смыслом. Часто применяемое в бытовом лексиконе выражение «один раз живем» зачастую воспринимается как девиз, объясняющий нежелание человека тратить время и силы на бесполезные, по его мнению, рассуждения и занятия. Закономерно появление акцента на материальной стороне жизни и приобретении как можно большего количества престижных в обществе атрибутов. Тем не менее, страх смерти не исчезает, поскольку «так страшит нас в смерти не столько конец, – сколько разрушение организма, именно потому, что он – сама воля, принявшая вид тела»[3,4]. Несомненно, чаще всего мысли о конечности существования приходят к человеку в моменты испытаний: болезни, одиночества и других состояний, побуждающих задуматься о грядущем.

Современные суждения одобряют победу знаний над волей (согласно воззрениям А. Шопенгауэра)[3,3],поскольку это помогает справиться с паническим, животных страхом смерти. Оборотная сторона – отрицание, неприятие и избегание мыслей о неизбежности телесного существования приводят к еще большему резонансу в случае столкновения со смертью, к примеру, близкого человека в реальности. В одночасье человек понимает, что все его попытки забыть, не думать и отрицать бесполезны. «Ничего не остается ни на минуту одинаковым, и человеку лишь кажется, что со смертью он разлагается и исчезает, превращаясь в ничто, и притом исчезает навсегда»[1,13]. На помощь приходят учения, доказывающие «нетленность нашего подлинного существа»[3,6], называемого душой, нервно-психической энергией и внутренним миром личности. Следуя их логике, необходимо понимать, что осознание факта внетелесного бессмертия придет сразу после прочтения. Нет, это далеко не так. Каждый человек рано или поздно может прийти к пониманию того, что «смерть, как ни страшимся мы ее, на самом деле не может представлять собою никакого зла. Мало того: часто является она благом и желанной гостьей»[3,5]. Вопрос только в том, как преодолеть отрицание и начать мыслить иными категориями.

Таким образом, на трансформацию ценностей человека в контексте мыслей о смерти влияет ряд общесоциальных и субъективных факторов, в совокупности создающих оптимальную для личности модель восприятия, которая помогает справиться с эмоциональным потрясением.

Источники:

1) Бехтерев, В.М. Бессмертие человеческой личности как научная проблема / В.М.Бехтерев //Психика и жизнь. Избранные труды по психологии личности. - 1999.-
URL: http://lib.ru/FILOSOF/BEHTEREW/bessmertie.txt.

2) Маслоу А. Мотивация и личность / Abraham H. Maslow // Motivation and Personality (2nd ed.) - 1999. –
URL: http://psylib.org.ua/books/masla01/.

3) Шопенгауэр А. Смерть и её отношение к неразрушимости нашего существа в себе / А. Шопенгауэр // Мир как воля и представление. – 1993. - том 2. - URL: http://az.lib.ru/s/shopengauer_a/text_0040.shtml

Ярулин Д.Е. - магистрант, УГНТУ, Den2391@mail.ru;
Сапельников В.М. - д.т.н., профессор, УГНТУ;
Хакимьянов М.И. - к.т.н., доцент, УГНТУ

АНАЛИЗ НЕСИНУСОИДАЛЬНОСТИ ВЫХОДНОГО НАПРЯЖЕНИЯ В МНОГОУРОВНЕВЫХ ПРЕОБРАЗОВАТЕЛЯХ ЧАСТОТЫ

Вопросы энергосбережения и оптимизации потребления электроэнергии в промышленности являются в настоящее время чрезвычайно актуальными. Известно, что до 65 % всей вырабатываемой в РФ электроэнергии потребляется промышленными предприятиями, главными потребителями которых являются мощные высоковольтные электродвигатели (ЭД).

Оптимизация режимов работы промышленного электропривода наиболее эффективно осуществляется посредством внедрения частотного регулирования. И если преобразователи частоты для низковольтных электродвигателей уже стали доступными и получили широкое распространение в промышленности, то высоковольтные преобразователи остаются изделиями штучными, дорогостоящими и уникальными [1, 442].

Одним из основных параметров преобразователей частоты является уровень генерируемых помех, направленных как к ЭД, так и в сторону питающей сети [2,32; 3,47]. Наличие высших гармоник в питающем напряжении ЭД вызывает такие отрицательные последствия как перегрев обмоток, ускоренное старение изоляции и, соответственно, сокращение срока службы ЭД, а также повышение потерь мощности и снижение КПД. Несинусоидальность напряжения является результатом наложения гармоник различных порядков. Наличие нелинейных элементов вызывает циркуляцию в сети токов высших гармоник, что отрицательно влияет на работу других потребителей электроэнергии [4,6].

Известно, что уровень генерируемых помех многоуровневых преобразователей частоты (МУПЧ) является наименьшим, по сравнению с другими типами преобразователей [5,118].

При работе МУПЧ посредством согласованного управления силовыми ячейками всех уровней в каждой фазе формирует выходное напряжение, максимально приближенное по форме к гармоническому.

Кривые выходного напряжения, а также коэффициенты несинусоидальности были получены с помощь программного пакета Matlab. В процессе моделирования кривых изменялись:
- частота от 10 до 60 Гц;
- число уровней при равномерном квантовании сигнала по уровню от 4 до 8.

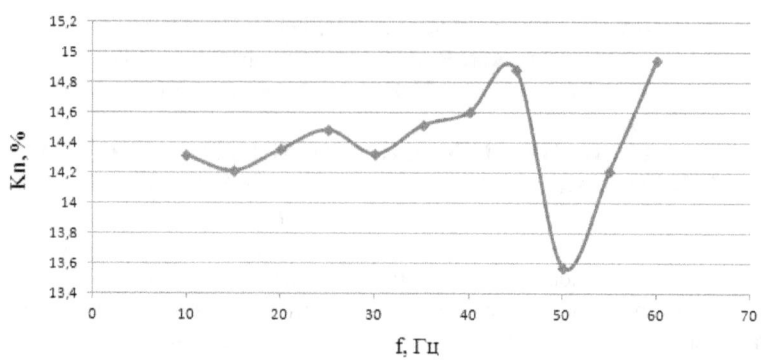

Рисунок 1 – Зависимость коэффициента искажения синусоиды выходного напряжения МУПЧ при равномерном квантовании по уровню при числе уровней n=4 от частоты

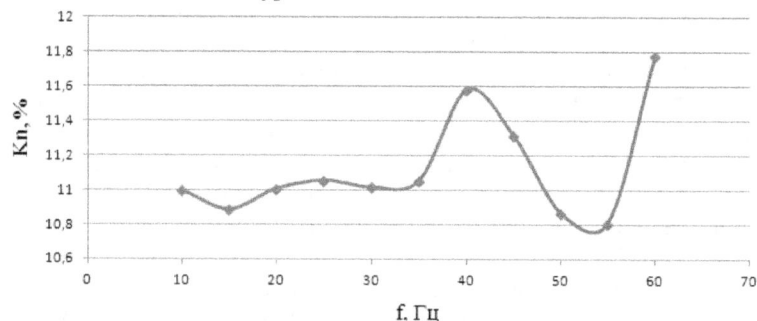

Рисунок 2 – Зависимость коэффициента искажения синусоиды выходного напряжения МУПЧ при равномерном квантовании по уровню при числе уровней n=5 от частоты

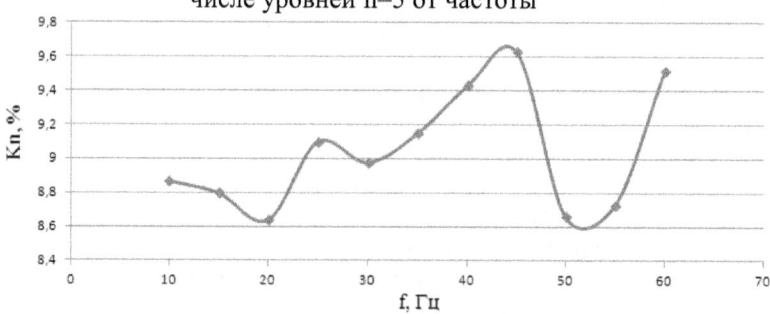

Рисунок 3 – Зависимость коэффициента искажения синусоиды выходного напряжения МУПЧ при равномерном квантовании по уровню при числе уровней n=6 от частоты

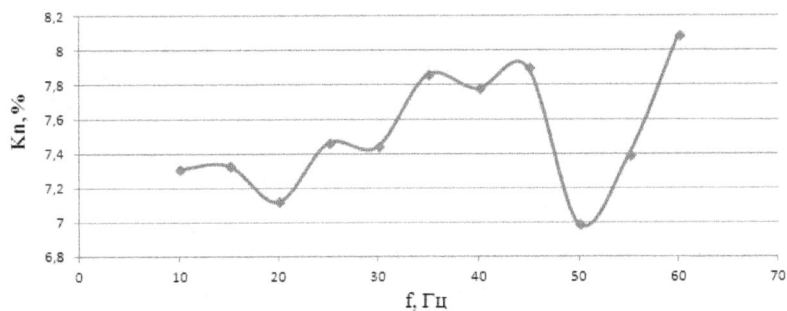

Рисунок 4 – Зависимость коэффициента искажения синусоиды выходного напряжения МУПЧ при равномерном квантовании по уровню при числе уровней n=7 от частоты

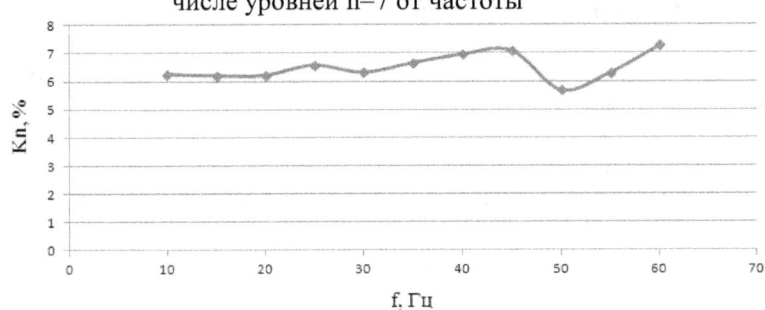

Рисунок 5 – Зависимость коэффициента искажения синусоиды выходного напряжения МУПЧ при равномерном квантовании по уровню при числе уровней n=8 от частоты

Как видно из рисунков 1-5, увеличение количества уровней повышает качество выходного напряжения ПЧ, однако приводит к усложнению конструкции как самого преобразователя, так и входного трансформатора, увеличивает габариты устройства и его стоимость. Поэтому серийно-выпускаемые МУПЧ обычно имеют не более 6 уровней [6,23].

Таким образом, на основании проведенных исследований могут быть сделаны следующие выводы:

1. Параметры высокочастотных помех, генерируемых при работе МУПЧ, зависят от числа уровней преобразователя *n* и частоты генерируемого напряжения. Так, при числе уровней *n*=4 и частоте генерируемого напряжения f=45 Гц, коэффициент нелинейных искажений составляет 14,89 %, а при *n*=8 – около 7,09 %.

2. На практике число уровней МУПЧ ограничивается габаритами, массой преобразователя, сложностью конструкции и, соответственно, стоимостью электропривода. Серийно-выпускаемые МУПЧ обычно имеют не более 6 уровней.

Литература

1. Гузеев Б.В., Хакимьянов М.И. Современные промышленные высоковольтные преобразователи частоты для регулирования асинхронных и синхронных двигателей // Электронный научный журнал "Нефтегазовое дело".- 2011.- №3.- С. 441-449. URL: http://www.ogbus.ru/authors/Guzeev/Guzeev_1.pdf.

2. Павленко В., Климов В., Климов И. Сравнительный анализ электромагнитных процессов в структурах электроприводов нефтедобывающей промышленности // Силовая электроника.- 2010.- №3.- С. 30-35.

3. Захаров А. Расчет выходного фильтра ШИМ-инвертора на заданный коэффициент гармоник напряжения на нагрузке // Силовая электроника.- 2005.- №1.- С. 46-49.

4. Измерение и устранение гармоник.- Schneider Electric, 2009.- № 30.- С. 5-11.

5. Ярулин Д.Е. Учет влияния высших гармоник на выходе многоуровневого преобразователя частоты на электродвигатель СТД-8000 // 63-я научно-техническая конференция студентов, аспирантов и молодых ученых УГНТУ.- 2012.- С. 117-119.

6. Хакимьянов М.И., Сапельников В.М. Спектральный состав выходных напряжений высоковольтных преобразователей частоты // Датчики и системы.- 2013.- № 4.- С. 20-23.

Зубрицкас И.И.
кандидат технических наук, доцент
доцент кафедры «Автомобильный транспорт» механико – энергетического отделения Политехнического института Новгородского государственного университета имени Ярослава Мудрого
Igor.Zubrickas@novsu.ru
Skype: Igor.Zubrickas

СИСТЕМА УПРАВЛЕНИЯ ТЕХНИЧЕСКИМ СОСТОЯНИЕМ АВТОМОБИЛЕЙ. АНАЛИЗ СОСТОЯНИЯ ВОПРОСА

Современный автомобиль представляет собой сложную динамическую систему, функционирование которой происходит при действии различных случайных факторов, как со стороны внешней среды, так и естественно возникающих внутри ее случайных неисправностей и отказов. Внешняя среда, характеризуемая условиями эксплуатации, может случайным образом изменять характер взаимодействия между основными агрегатами и системами автомобиля, а также между отдельными деталями. Внутри систем управления автомобилем также могут возникать случайные нарушения работоспособности, представляющие собой ошибки измерения, преобразования информации, действие различного рода помех, вследствие проявления принципиально неучтенных объективно действующих причин.

Эффективность функционирования автомобиля зависит от его технического состояния. В процессе эксплуатации, если не применять специальных мер, техническое состояние ухудшается. В связи с этим вытекает проблема управления техническим состоянием автомобиля.

Общая проблема управления техническим состоянием автомобиля включает в себя следующие общие аспекты:
- оптимальная организация контроля за изменением технического состояния;
- эффективные методы контроля и прогнозирования, определение моментов проведения профилактических работ;
- определение оптимального объема профилактических работ, а также работ по восстановлению при минимальных затратах.

Проблемам управления техническим состоянием сложных динамических систем, к которым несомненно можно отнести и современные автомобили, посвящен целый ряд научных работ, среди которых можно выделить работы Барзилович Е.Ю., Бережной Е.В., Бережного В.И., Воскобоева В.Ф., Новикова В.С., Смирнова Н.М., Ицкович А.А., Буравлева А.И., Доценко Б.И., Казакова И.Е., Дружинина Г.В., Сраговича В.Г. и ряда других авторов [1 – 14]. Проанализировав работы по этому вопросу можно выделить ряд основных принципов, которые используются для управления техническим состоянием динамических систем, это:

- управление по ресурсу;
- управление по уровню надежности;
- управление по состоянию и др.

В практике применяются все три принципа управления. Их применение во многом определяется уровнем технического совершенства объектов эксплуатации (надежностью, эксплуатационной технологичностью, контролепригодностью) и уровнем информационного и технологического обеспечения системы их эксплуатации.

Кроме вышеизложенных принципов, очень важным является также метод управления, который реализуется при управлении техническим состоянием объекта, в нашем случае автомобиля.

В теории управления известны три основных метода управления:
- программный;
- управление с обратной связью;
- адаптивный.

Программное управление строится в соответствии с жестко заданной программой действий, независимо от реакций объекта управления и внешней среды. При этом должна быть полностью определена математическая модель объекта управления, известны характеристики внешней среды (условий эксплуатации), четко заданы критерии оптимизации программы.

При управлении с использованием принципа обратной связи программа управления является гибкой, она формируется в зависимости от реакций объекта управления. Однако при этом считается, что полностью известны модель объекта управления, характеристики внешней среды и четко заданы критерии управления.

Адаптивное управление строится для "неточно" заданного объекта при не полностью известных характеристиках внешней среды и, быть может, "нечетко" заданных критериях управления. В этом случае программа управления будет содержать элемент случайности и неопределенности.

Для реального процесса эксплуатации автомобиля в наибольшей степени характерна именно третья информационная ситуация, когда "неточно" задана модель объекта эксплуатации и не полностью известны и выдерживаются условия эксплуатации. Поэтому наиболее приемлемым для синтеза программы технической эксплуатации автомобиля

представляется метод адаптивного управления, особенностями которого является следующее:
- Управление в каждый момент времени формируется путем коррекции предшествующих решений на основе текущей информации, поступающей по каналам обратной связи.
- Адаптивное управление является не обрывающимся процессом и осуществляется на бесконечном интервале времени. Только при этих условиях гарантируется достижение конечных целей с высокой вероятностью;
- Адаптивные стратегии управления в общем случае не являются стационарными.

Именно адаптивный метод управления в наибольшей степени отвечает принципу эксплуатации автомобиля по состоянию.

Очень подробное формализованное описание системы управления приводиться в технической литературе, посвященной моделям технического обслуживания сложных систем, в частности авиационных. Среди работ в данной области можно выделить работы Барзилович Е.Ю., Воскобоева В.Ф., Каштанова В. И., Буравлева А.И., Доценко Б.И., Казакова И.Е., Волкова Л.И. и ряда других авторов в которых приводиться подобное формализованное описание, в основном применительно к объектам авиационной техники.

Проанализировав совокупность рассмотренных в данных работах моделей можно вполне четко представить в целом математическую модель адаптивной системы управления техническим состоянием применительно к автомобильной технике. Для синтеза такой модели управления техническим состоянием автомобилей необходимо решить ряд научных задач:
- Определить модель управления, на основе которой может быть сравнительно просто и достаточно корректно синтезирована адаптивная система управления техническим состоянием автомобилей.
- Определить модель и стратегию технического обслуживания и ремонта автомобилей.
- Разработать модели и алгоритмы адаптивного управления техническим состоянием автомобиля в различных режимах эксплуатации.
- Разработать методы и алгоритмы контроля технического состояния автомобиля.
- Исследовать возможности аппаратных и программных средств управления техническим состоянием автомобилей и обосновать требования к информационной подсистеме системы технической эксплуатации автомобилей.

Список использованной литературы

1. Барзилович Е.Ю. Модели технического обслуживания сложных систем. М.; Высшая школа, 1982, 231 с.
2. Барзилович Е.Ю., Воскобоев В.Ф. Эксплуатация авиационных систем по состоянию (элементы теории). М.: Транспорт, 1981, 197 с.
3. Бережная Е.В. Методология и экономико-вероятностные модели управления автотранспортными системами в нестабильной экономической среде: Автореферат диссертации на соискание ученой степени д-ра экон. наук: 05.13.10: 08.00.05. -СПб., 2000. -39 с.: ил.
4. Бережной В.И. Методология логического подхода к управлению автотранспортным предприятием: Автореферат диссертации на соискание ученой степени д-ра техн.наук: 05.13.10. – [С.-Петерб. Гос. Инж.-экон. Акад.]. – СПб., 1997. – 36 с.
5. Бодров В.А. Повышение эффективности использования автомобилей путем обеспечения качества и комплектности нормативов технической эксплуатации: Автореферат диссертации на соискание ученой степени д-ра техн. наук :05.22.10. -Владимир, 2001. -32 с.: ил.
6. Булгаков Н.Ф. Статистические модели оптимизации и управления эксплуатационной надежностью автотранспортных средств: Автореферат диссертации на соискание ученой степени д-ра техн. наук: 05.13.14. -Красноярск, 2000. -40 с.: ил.
7. Буравлев А.И., Доценко Б.И., Казаков И.Е. Управление техническим состоянием динамических систем. – М.: Машиностроение, 1995. – 240 с.: ил.
8. Казаков И.Е. Статистическая динамика систем с переменной структурой. М.: Наука, 1977. 421 с.
9. Казаков И.Е., Артемьев Е.М. Оптимизация динамических систем случайной структуры. М.: Наука , 1980. 387 с.
10. Казаков И.Е., Гладков Д.И. Методы оптимизации стохастических систем. М.: Наука, 1987 . 304 с.
11. Новиков В.С. Техническая эксплуатация авиационного радиоэлектронного оборудования. М.: Транспорт. 1987. 261 с.
12. Котиков Ю.Г. Разработка методологии системного анализа и имитационного моделирования объектов автомобильной техники и транспорта: Автореферат диссертации на соискание ученой степени д-ра техн.наук:05.22.10:05.05.03. -СПб, 1995. -46 с.: ил.
13. Смирнов Н.М., Ицкович А.А. Обслуживание и ремонт авиационной техники по состоянию. М,: Транспорт, 1987, 272 с.
14. Срагович В.Г. Адаптивное управление. М,: Наука, 1981, 384 с.

Технические науки

Зубрицкас И.И.
кандидат технических наук, доцент
доцент кафедры «Автомобильный транспорт» механико – энергетического отделения Политехнического института Новгородского государственного университета имени Ярослава Мудрого
Igor.Zubrickas@novsu.ru
Skype: Igor.Zubrickas

ОСНОВНЫЕ ПРИНЦИПЫ СОЗДАНИЯ АДАПТИВНОЙ СИСТЕМЫ УПРАВЛЕНИЯ ТЕХНИЧЕСКИМ СОСТОЯНИЕМ АВТОМОБИЛЕЙ

На первоначальном этапе разработки адаптивной системы управления техническим состоянием автомобилей очень важно правильно сформулировать основные теоретические предпосылки, новую концепцию построения системы управления.

Основные задачи системы можно сформулировать так: необходима такая система планирования, организации и управления профилактическими воздействиями, которая в определенных условиях работы и при заданном уровне эксплуатационной надежности обеспечивает минимум трудовых и материальных затрат на поддержание подвижного состава в технически исправном состоянии.

Система управления техническим состоянием автомобилей, как и любая, хорошо сбалансированная система управления, должна иметь три уровня управления:

- первый – прямое управление, т.е. долгосрочное планирование, в предлагаемой системе предполагается осуществлять, в частности, за счет долгосрочного планирования периодичности индивидуального технического обслуживания (ИТО) и моментов устранения неисправностей (УН), а также за счет учета динамики изменения параметров технического состояния автомобилей;
- второй – текущее управление, т.е. отслеживание меняющихся условий работы и корректирование планов, в системе данный уровень управления реализуется за счет корректирования планов и объемов индивидуального технического обслуживания (ИТО), в зависимости от технического состояния автомобиля, определяемого по результатам диагностирования, а также за счет оперативного корректирования предельно-допустимых значений параметров технического состояния, используемых при прогнозировании периодичности ИТО и моментов устранения неисправностей (УН) и принятии решений об исправности или неисправности как автомобиля в целом, так и отдельных узлов, агрегатов или систем;
- третий – мониторинг и управление по сигналу обратной связи, т.е. по результатам диагностирования и прогнозирования, в предлагаемой

системе реализуется за счет осуществления нескольких видов прогнозов по изменению технического состояния автомобиля в процессе эксплуатации, по результатам которых могут корректироваться ранее принятые управляющие решения.

Совершенствование первого уровня управления, кроме того, предполагает уточнение нормативов параметров технического состояния. Предлагается также улучшить второй уровень управления, сегодня (по Положению) – это система корректирующих коэффициентов. Предлагаемая система предполагает переход от основного показателя "пробег" к более чувствительным параметрам, характеризующим непосредственно техническое состояние автомобиля. Перечень параметров может постоянно совершенствоваться, в зависимости от уровня достигнутого средствами технической диагностики и средствами обработки, но для более полного решения задачи установления своевременности технических воздействий предлагается вести постоянный мониторинг на базе диагностирования и прогнозирования.

Организацию адаптивной системы управления техническим состоянием автомобилей можно рассматривать как замкнутую систему управления (регулирования) с обратной связью.

Эта система должна состоять из двух частей: контроля и управления. Если в системе осуществляется только одна из упомянутых функций, то такая система называется разомкнутой. На данный момент во многих АТП техническая служба построена именно по разомкнутой системе, в которой отсутствуют или почти отсутствует функция контроля процесса. Поэтому управляющая часть не располагает необходимой информацией о техническом состоянии автомобилей.

Применительно к АТП регулируемым объектом является автомобиль (его состояние), а датчиком – станция диагностирования и прогнозирования. Управляющий орган (программная часть адаптивной системы управления – отдел управления техническим состоянием автомобилей) воспринимает сигналы датчика (станции диагностики) и передает команду исполнительному органу (зона ТО и ремонта), который восстанавливает заданное значение регулируемой величины (технического состояния автомобиля).

Для решения всех этих задач адаптивная система управления техническим состоянием автомобилей по фактическому состоянию предлагает три вида работ: индивидуальное техническое обслуживание (ИТО), контрольно-диагностические работы (КДР) и устранение выявленных неисправностей (УН).

Понятие "индивидуальное техническое обслуживание" (ИТО), предлагаемое в данной системе, содержит информацию об индивидуальных особенностях технического состояния автомобиля, его основных агрегатов, систем и механизмов. Предлагаемое индивидуальное техническое обслуживание – это комплекс мероприятий для предупреждения (предсказания, прогнозирования) возникновения и устранения отказов (неисправностей), основанное на применении современных средств технической диагностики и компьютерной обработки данных.

На основании выполненных теоретических и экспериментальных исследований представляется возможным внести ряд изменений в организацию ЕО, ТО-1, ТО-2 и текущего ремонта. Необходимо внести существенные изменения и в организацию работ по ТО-1 и ТО-2. Вместо них можно рекомендовать выполнение индивидуального технического обслуживания (ИТО) объем и виды работ которого должны определяться по результатам технического контроля и в зависимости от достигнутого автомобилем уровня технического состояния, контрольно-диагностических работ (КДР) и по потребности работ по устранению выявленных неисправностей. При ИТО в обязательном порядке и в определенном объеме должны выполняться смазочные, крепежные, шинные и другие работы, периодичность проведения ИТО должна определяться индивидуально для каждого конкретного автомобиля в зависимости от его технического состояния. Данная периодичность и прогнозирование возможных неисправностей будет устанавливаться с использованием адаптивной системы управления техническим состоянием автомобиля, реализованной с применением новейших средств технической диагностики и вычислительной техники.

Для внедрения новой системы необходимо иметь три самостоятельные зоны. Зона ИТО включает специализированные линии или посты. Они могут быть созданы на базе действующих линий и постов ТО-1 и ТО-2. Выявленные неисправности устраняются в зоне УН на произ-водственных участках, специализированных по агрегатам и системам. Зона УН может быть создана на базе действующих постов текущего ремонта автомобилей.

Для выполнения КДР необходимо создание современных диагностических центров в виде линий или универсальных постов, оснащенных современными компьютеризированными средствами технической диагностики и интегрированными с ними в единую систему средствами вычислительной техники.

Список использованной литературы
1. Барзилович Е. Ю., Каштанов В. И. Некоторые математические вопросы теории обслуживания сложных систем. М., Советское радио, 1971, 271 с.

2. Барзилович Е.Ю. Модели технического обслуживания сложных систем. М.; Высшая школа, 1982, 231 с.
3. Барзилович Е.Ю., Воскобоев В.Ф. Эксплуатация авиационных систем по состоянию (элементы теории). М.: Транспорт, 1981, 197 с.
4. Бережная Е.В. Методология и экономико-вероятностные модели управления автотранспортными системами в нестабильной экономической среде: Автореферат диссертации на соискание ученой степени д-ра экон. наук: 05.13.10: 08.00.05. -СПб., 2000. -39 с.: ил.
5. Бережной В.И. Методология логического подхода к управлению автотранспортным предприятием: Автореферат диссертации на соискание ученой степени д-ра техн.наук: 05.13.10. – [С.-Петерб. Гос. Инж.-экон. Акад.]. – СПб., 1997. – 36 с.
6. Буравлев А.И., Доценко Б.И., Казаков И.Е. Управление техническим состоянием динамических систем. – М.: Машиностроение, 1995. – 240 с.: ил.
7. Казаков И.Е. Статистическая динамика систем с переменной структурой. М.: Наука, 1977. 421 с.
8. Казаков И.Е., Артемьев Е.М. Оптимизация динамических систем случайной структуры. М.: Наука , 1980. 387 с.
9. Казаков И.Е., Гладков Д.И. Методы оптимизации стохастических систем. М.: Наука, 1987 . 304 с.
10. Новиков В.С. Техническая эксплуатация авиационного радиоэлектронного оборудования. М.: Транспорт. 1987. 261 с.
11. Смирнов Н. Н., Ицкович А. А., Овсянников А. А. Основные принципы методов технического обслуживания и ремонта авиационной техники по состоянию. -Тр. ГосНИИ ГА, 1975, вып. 114, с. 3–15.
12. Смирнов Н.М., Ицкович А.А. Обслуживание и ремонт авиационной техники по состоянию. М,: Транспорт, 1987, 272 с.
13. Смирнов Н.Н., Ицкович А. А. Методы обслуживания и ремонта машин по техническому состоянию. М., Знание, 1973, 56 с.
14. Смирнов Н.Н., Ицкович А.А. Обслуживание и ремонт авиационной техники по состоянию. – М.: Транспорт, 1980. – 232 с.
15. Срагович В.Г. Адаптивное управление. М,: Наука, 1981, 384 с.

Исаков Г.Н. - д.т.н., профессор,
Манаева А.Р. - аспирант
Сургутский Государственный Университет, ХМАО-Югра,
г. Сургут
chem88@ya.ru

АНАЛИЗ ПРОЦЕССОВ ДЫМООБРАЗОВАНИЯ НАПОЛЬНЫХ ПОКРЫТИЙ НА ОСНОВЕ ПОЛИВИНИЛХЛОРИДА ПРИ ПОЖАРЕ

Коэффициент дымообразования - показатель, характеризующий оптическую плотность дыма, образующегося при пламенном горении или термоокислительной деструкции (тлении) определенного количества твердого вещества (материала) в условиях специальных испытаний [1]. Имеющаяся информация о характере дымообразования при горении полимерных материалов явно недостаточна [5]. При этом также необходимо принимать в расчет нестационарные тепловые потоки на поверхности и релаксационные представления о термодеструкции полимеров при высокоскоростном нагреве в потоке газа-окислителя [2].

Для анализа пожарной опасности покрытия напольного на основе поливинилхлоридного связующего (ПВХ) используется методика определения коэффициента дымообразования D_m по ГОСТ 12.1.044-89 с размерностью (кг/м^2) [3].

Одним из методов снижения пожарной опасности пластифицированных ПВХ материалов является использование галоид- и фосфорсодержащих пластификаторов [1]. Из них в состав линолеума «Мода-602» входит тетрахлорметан и дихлорметан, что обуславливает несколько пониженную дымообразующую способность и потерю массы при температуре 450 и 500 ^{0}С (390 и 369 м^2/кг при скорости нагрева 25 град/мин и 211 и 120 м^2/кг при скорости нагрева 10 град/мин).

Повышение дымообразующей способности пластифицированных ПВХ материалов связано с протеканием химических реакций в газовой фазе и обусловлено, по-видимому, увеличением содержания ароматических органических соединений в продуктах пиролиза [1]. Для напольного покрытия (Мода-602)обнаружены ароматические соединения- бензол, толуол, ксилол, изопропилбензол, 1,3,5-триметилбензол,1,2,4-триметилбензол, гидроксибензол (фенол), что обуславливает высокую дымообразующую способность при температуре 300, 350 и 400 ^{0}С при скорости нагрева 10 и 25 град/мин (таблица 1).

При наличии в полимерах связей C=O, O–H, P=O, S=O, C=N, Si–O, B=N, P=N, особенно сомкнутых в устойчивые циклы, горючесть полимеров снижается [4]. В состав продуктов пиролиза входит также 2-этил-гексанол, изопропанол, циклогексанон, что обусловило низкие значения коэффициента дымообразования при высоких температурах.

Таблица 1. Значение коэффициента дымообразования в зависимости от температуры и скорости нагрева (Мода 602)

Температура, К	Значение коэффициента при нагреве 10 град/мин	Значение коэффициента при нагреве 25 град/мин
573	2662	2985
623	1924	2552
673	587	684
723	211	390
773	120	369

При наличии в полимерах связей C=O, O–H, P=O, S=O, C=N, Si–O, B=N, P=N, особенно сомкнутых в устойчивые циклы, горючесть полимеров снижается [4]. В состав продуктов пиролиза входит также 2-этил-гексанол, изопропанол, циклогексанон, что обусловило низкие значения коэффициента дымообразования при высоких температурах.

В состав линолеума «Акцент тимбер» входит множество галогенсодержащих компонетов: дихлорметан, трихлорэтилен, тетрахлорметан, хлороформ, что обуславливает пониженную дымообразующую способность при температуре 450 и 500 ^{0}C по сравнению с линолеумом «Мода 602» (таблица 2).

Таблица 2. Значение коэффициента дымообразования в зависимости от температуры и скорости нагрева (Акцент тимбер)

Температура, К	Значение коэффициента при нагреве 10 град/мин	Значение коэффициента при нагреве 25 град/мин
573	2779	2012
623	2065	2792
673	289	1079
723	244	459
773	140	399

Также в состав продуктов пиролиза входит большее число веществ из класса альдегидов, кетонов, спиртов и фенолов (этанол, изопропанол, гидроксибензол, 2-этил-гексанол, гексан-1-ол, ацетальдегид, метанол, метил-этил-кетон, бутанол, циклогексанон), что обуславливает пониженную горючесть материала.

При температурах 350 и 400 ^{0}C коэффициент дымообразования достаточно высок, по-видимому, это обусловлено наличием большого количества аренов в составе пластификаторов (бензол, толуол, ксилол, изопропилбензол, этилбензол, 1,3,5-триметилбензол, 1,2,4-триметилбензол, диоктилбензол-1,2-дикарбонат).

Процесс дегидрохлорирования поливинилхлорида сопровождается выделением небольшого количества бензола (энергия активации термодеструкции 32 ккал/моль), который образуется по радикальному механизму [5].

Ароматические соединения являются предшественниками сажеобразования, а конденсированные углеродные частицы (сажа) образуются в результате дегидрополиконденсации ароматических углеводородов с частичным разложением ароматических ядер (преимущественно некомпланарно расположенных) до ацетилена и его производных. Это приводит к высокому значению коэффициента дымообразования при температуре начала дегидрохлорирования (573-623К).

При медленном нагревании процесс релаксации принимает большее значение, так как значение энергии Гиббса в этом процессе намного меньше, чем при быстром нагревании и соответственно, этот процесс термодинамически более выгоден. При высокой скорости нагревания процесс релаксации не играет существенной роли, поэтому коэффицент дымообразования выше, чем при медленном нагреве. Это соответствует релаксационной теории [6].

Выводы:

1) Увеличение скорости нагревания приводит к увеличению глубины η и скорости химического превращения ПВХ [6]. При увеличении скорости нагревания значения коэффициента дымообразования увеличиваются.

2) При температурах 573-673К значения коэффициента дымообразования принимают максимальные значения, что обусловлено интенсивными процессами дегидрохлорирования и образованием ароматических соединений.

Литература

1. Корольченко А.Я.Пожарная опасность строительных материалов: учеб.пособие/ А.Я. Корольченко, Д.В. Трушкин.-М.:Пожнаука, 2005.-232 с.

2. Исаков Г.Н. Тепломассоперенос и воспламенение в гетерогенных системах. – Новосибирск: Издательство СО РАН, 1999. – 142 с.

3. ГОСТ 12.1.044-89 ССБ Пожаровзрывобезопасность веществ и материалов. Номенклатура показателей и методы их определения.

4. Михайлин М.Ю. Тепло-, термо и огнестойкость полимерных материалов/ Ю. А. Михайлин. – Санкт-Петербург: НОТ – Научные основы и технологии, 2011. – 415 с.

5. Асеева Р.М., Заиков Г.Е. Горение полимерных материалов.- М.: Наука, 1981.- 280 с.

6.Белявская Д.В., Исаков Г.Н. Релаксационный анализ терморазложения электроизоляционных материалов при пожаре. // XIX Менделеевский съезд по общей и прикладной химии. В Чт. Т.4: тез. докладов. – Волгоград: НУНЛ Волг ГТУ, 2011. С. 319.

Радюхина Г.В.
доцент, кандидат технических наук, Поволжский государственный университет сервиса

ПОВЫШЕНИЕ ЭФФЕКТИВНОСТИ РАБОТЫ ГИБКИХ ПРОИЗВОДСТВЕННЫХ СИСТЕМ НА ПРИМЕРЕ ШВЕЙНЫХ ПРЕДПРИЯТИЙ

Для швейных предприятий важным показателем эффективности работы является объем незавершенного производства. Учитывая, что приходится постоянно менять размеры и другие характеристики партий изделий, целесообразно заранее, еще на этапе подготовки производства, оценивать влияние параметров запуска на уровень незавершенности производства.

Особенно важно знать значение данного показателя при разработке производственных систем с гибкой организацией труда, компьютерным управлением основными технологическими процессами и предварительным планированием и корректированием производственного процесса по ходу его реализации.

Ритмичность работы гибких производственных систем в виде многооперационных швейных агрегатов (патенты РФ № 2073758, 2084571, 2087607, 2084571) зависит от состояния запасов деталей-узлов, а именно от их количества и готовности на момент сборки изделий.

Автором данной статьи совместно с д.т.н., профессором Сучилиным В.А. разработан метод определения показателей незавершенного производства. Динамика изменения запасов подготовленных к сборке деталей-узлов представляется как функция времени их обработки и сборки. По графику можно легко подсчитать на любой момент производственного процесса количество деталей-узлов, ожидающих сборки. Количество готовых комплектов деталей-узлов может снижаться до нуля, что потребует наличия страховочного запаса деталей-узлов для предотвращения неритмичности процесса. При увеличении размеров партий запуска, естественно, растут сроки исполнения сборочных работ, а также будет увеличиваться уровень незавершенного производства..

В качестве примера приведем алгоритм расчета для конкретных моделей одежды, для которых заранее была разработана технология изготовления при использовании метода группирования деталей и узлов.

Дневная потребность сборочного рабочего места при поузловом методе обработки и сборки составляет 4,5 комплекта, каждый комплект состоит из трех различных узлов (деталей). Подготовительно – заключительное время $Т_{пз1}=Т_{пз2}=Т_{пз3}=60$ минут одинаково для всех узлов-деталей в каждой группе узлов.

При запуске партий по 90 узлов – деталей (практически месячная потребность) находим суммарную трудоемкость обработки 90 комплектов по формуле:

$$Т_{пар} = Т_{пз} + n \times Т_{шт},$$

где n – размер партии;

$Т_{шт}$ – штучное время обработки узлов -деталей.

Штучно –калькуляционное время $Т_{шт.к.}$ в расчете на один комплект равно:

$$Т_{шт.к.} = \sum Т_{пар} / n.$$

Эффективный фонд времени смены Тэ принимаем равный 8 часов. Коэффициент использования (загрузки) Кзаг определяют по формуле:

$$К_{заг} = m \times Т_{шт.к.} / Т_э \times к,$$

где m – количество комплектов в день,

к – количество смен или агрегатов, необходимых для обработки узлов.

Штучное время обработки узлов – деталей, сгруппированных в первую группу узлов равно: $Т_{шт1}$ =61,341 мин., $Т_{шт2}$ = 38,46 мин., $Т_{шт3}$ = 13,877 мин.

Находим суммарную трудоемкость обработки 90 комплектов первой группы узлов: $Т_{пар1}$ =(60 + 90 × 61,341)/60 = 93,01 час.

$Т_{пар2}$ = (60 + 90 × 38,46)/60= 58,69 час.

$Т_{пар3}$ = (60 + 90 × 13,877)/60 = 21,82 час.

$\sum Т_{пар}$ = 93,01 + 58,69 + 21,82 = 173,52 час.

Штучно – калькуляционное время:

$Т_{шт.к.}$ = 173,52 / 90 = 1,9 час.

Для обработки этих комплектов необходимо выделить один агрегат, работающий в две смены или два агрегата – в одну смену с коэффициентом загрузки равным : Кзаг = 4.5 × 1,9 / 8 × 2 = 0,53

Динамика изменения запасов готовых узлов – деталей каждого комплекта в течение 20-ти дневного цикла показана на рис. 1. Ломаная линия, ограничивающая заштрихованную область, соответствует изменению запасов подготовленных комплектов и узлов – деталей. Видно, что одновременно в ожидании комплектовки и сборки находятся в общей сложности от 70 до 105 узлов – деталей. Из рисунка видно, что узлы – детали 1– го вида можно обработать за:

90 × 61,341/60 = 92,01 час.

На двух агрегатах при Кзаг = 0,53 потребуется: 92,01 / 2 × 8 × 0,53 = 11 дней.

То же для узла – детали 2– го вида : 90 × 38,46/60 = 57,69 час. или 57,69 / 2 × 8 × 0,53 = 7 дней. Для узлов– деталей 3– го вида : 90 × 13,877/60 = 20,82 час. или 20,82 / 2 × 8 ×0,53 = 2 дня.

Вторичный запуск узлов–деталей, начиная после 20–ти дневного цикла может быть уже не 90 узлов, а с учетом оставшихся.

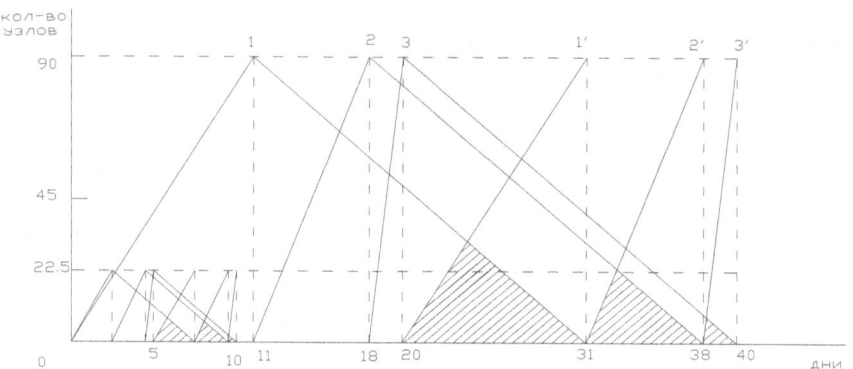

Рис. 1. *Динамика изменения запасов готовых узлов-деталей 1 группы в течении 20-ти дневного (месячного) и 5-ти дневного (недельного) цикла*

На любой день, начиная с 20-го по вертикали можно подсчитать сколько узлов – деталей находится в запасе. Также видно, что число отдельных узлов, готовых к сборке, может снижаться до нуля, т.е. необходимо предусмотреть страховой фонд этих узлов- деталей.

Данный метод позволяет, изменяя размеры партий запуска, находить рациональный уровень незавершенности производства и тем самым улучшать показатели эффективности предприятий.

Графическое отображение разработанного метода легко описывается линейными функциями, что важно для формализации многовариантных швейных процессов.

Список литературы

1. Сучилин, В.А., Радюхина, Г.В., Архипова, Т.Н. Методы повышения эффективности швейного оборудования предприятий сервиса [Текст] : монография – М.: ГОУВПО «МГУС», 2007. – 227с.
2. Радюхина, Г.В. Гибкие производственные системы пошива изделий мелкими партиями [Текст]: монография – Тольятти: Изд-во ПВГУС, 2013. – 161с.

Хведчук В.И., Кузьмицкий Н.И., Лаппо В.М.
доцент, к.т.н., Брестский государственный технический университет
liddan@mail.ru

ОБ ЭФФЕКТИВНОМ ИСПОЛЬЗОВАНИИ КОМПЬЮТЕРНОЙ ТЕХНИКИ В УЧЕБНОЙ И НАУЧНО-ИССЛЕДОВАТЕЛЬСКОЙ ДЕЯТЕЛЬНОСТИ ВУЗа

Введение

На данный момент, имеющиеся в БрГТУ компьютерные классы, другая компьютерная техника используется в лабораторных, практических затятиях по предметам, в которых необходимо использовать стандартное программное обеспечение типа MS Office (Word, Excel), Matlab, MathCad, сапровское ПО и т.п.

При этом, было бы ошибочно утверждать, что таким образом, учебный процесс копьютеризирован, автоматизирован, что имеет место эффективное использование компьютеров в учебном процессе.

Разве нам не хотелось бы:

1) Предложить студентам самостоятельное изучение различных вопросов на основе компьютерных учебных курсов? И чтобы эти курсы сочетались с контролем усвоения материала и, чтобы углубление в содержание курса зависело от уровня овладения предыдущим учебным материалом.

2) Проводить зачеты и другие виды мониторинга текущего уровня знаний с использованием компьютерных классов и высвободившееся, за счет этого, время преподавателей и студентов использовать, в учебных же целях, более рационально.

3) Иметь более детальную периодическую "обратную связь" о текущем уровне усвоения знаний без существенных затрат времени преподавателей.

Эти и другие аналогичные вопросы могут быть решены с использованием автоматизированного компьютерного обучения и тестирования. Подходы к решению изложены в [1-2].

При этом необходимо не путать данную постановку вопроса с модными сейчас рассуждениями, особенно на ТВ России, о вреде ЕГЭ и другой несодержательной риторикой.

Речь не идет о приеме экзаменов с использованием компьютеров или о некой подмене преподавателей компьютерами. Как раз, наоборот, речь идет о высвобождении времени преподавателя от решения механических рутинных вопросов и перераспределении этого времени на эффективную методическую работу.

Кроме того, компьютерные обучающие курсы и тесты могут служить важным педагогическим ресурсом, который может подлежать накоплению и повторному использованию.

1. Программное обеспечение компьютерного тестирования заочников БрГТУ

Концептуально, соответствующее ПО БрГТУ, представляет собой интерпретатор диалоговых сценариев, содержашихся в БД диалоговых обучающих и тестовых сценариев.

Диалоговый сценарий представляет собой совокупность узлов (вопросов и/или информационных порций) и управляющей информации "о порядке" их предъявления клиенту, возможных действиях клиента и других локальных и глобальных аспектах диалогового взаимодействия.

В процессе диалога, основную роль, играют:
- текущие ответы клиента и их сопоставление с шаблоном предусмотренных ответов
для начисления балла;
- время затраченное на конкретный вопрос;
- общая сумма баллов;
- общее затраченное клиентом время.

2. Автоматизированное компьютерное тестирование заочников БрГТУ

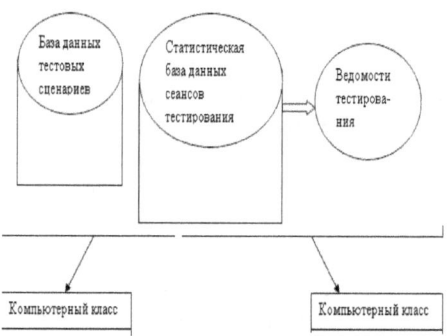

Рис. 1

Вопросы загружаются из базы тестовых сценариев, а сам тест осуществляется на основании содержимого и алгоритма, заложенного при проектировании сценария (рис. 1).

После прохождения теста предъявляется оценка, и информация о данном тестовом сеансе сохраняется на центральном компьютере в "Статистической базе данных сеансов тестирования".

По завершению тестирования группы, можно получить ведомость тестирования и другую аналитическую информацию.

В настоящее время, для заочного факультета подготовлено 19 компьютерных тестов на 9 кафедрах 12 специальностей. Уже два года они эффективно используются в предсессионный период для оперативного и достоверного определения готовности к сессии.

Безусловно, можно рассмотреть возможность, использования автоматизированного компьютерного обучения и в межсессионный период, в частности, с использованием Интернета. Но, начинать, было необходимо именно с предсессионного периода.

Что касается применения автоматизированного компьютерного обучения на дневном отделении, то тут еще предстоит определить (частичное использование уже имеет место) наиболее эффективные "точки приложения" и внедрить автоматизированное компьютерное обучение и тестирование в "самое сердце" учебного процесса

Заключение

Вообще, с появлением компьютеров в вузах, почти сразу, появился и интерес к автоматизированному обучению и тестированию. Это было еще во времена ЕС ЭВМ и СМ. С появлением ПЭВМ, этот интерес, возрос еще более. Однако, компьютеров не хватало и они направлялись для другого, более приоритетного, целевого использования. Теперь же, когда практически любой вуз, имеет десятки компьютерных классов, многие (не все, конечно), по привычке, по-прежнему озабочены дальнейшим наращиванием количества компьютерных классов.

Представляется, более актуальным, следующее:

1) придание идее компьютерного обучения и тестирования как бы "второго дыхания" и сосредоточения приоритетного внимания не на количественной, а на качественной составляющей – на вопросах эффективного использования ПЭВМ в учебном процессе.

2) в этом же плане, можно утверждать, что погоня за количеством ПЭВМ, компьютерных учебных классов менее приоритетна, чем, например:

- оснащение вузов компьютерами с видеокартами для высокопроизводительных расчетов на настольных компьютерах;

- организация, на базе компьютерных классов во внеучебное время, высокопроизводительных вычислительных кластеров.

Список использованных источников

1. Башмаков А. Разработка компьютерных учебников и обучающих систем / А.И. Башмаков, И.А. Башмаков. – М.: Информационно-издательский дом «Филинъ», 2003.

2. Рыбина Г.В. Основы построения интеллектуальных систем. / Г.В.Рыбина – М.: Финансы и статистика; ИНФРА-М, 2010.

Чикова А.А. - магистрант, **Волков И. В.** - аспирант,
Макаров А.М. - к.т.н., ст. преподаватель
Волгоградский государственный технический университет
amm34@mail.ru

АДАПТИВНЫЙ ОРТОПЕДИЧЕСКИЙ МАТРАС

В настоящее время на фоне повышения уровня жизни населения повышаются требования потребителей к уровню комфорта. Хорошим примером такого направления трансформации являются автомобили, мебель, различные цифровые устройства, способные подстраиваться под конкретного пользователя.

Ни для кого не секрет, что здоровый полноценный сон – залог хорошего настроения и эффективного восстановления жизненных сил. В среднем человек проводит в состоянии сна треть жизни. Очевидно, что данной области жизни необходимо уделить серьезное внимание. Если говорить о самом процессе сна, то существует ряд факторов, отвечающих за его эффективность. Это режим дня, питание, состояние воздуха и окружающей среды в целом, эмоциональное состояние, в котором человек готовится ко сну, температурный режим и, конечно же, сама поверхность для сна. Следует отметить, что свойства поверхности для сна крайне важны. Именно поэтому существует большой ассортимент данного вида продукции, способный удовлетворить широкий круг потребителей [1; 2]. К примеру, на рисунке 1 представлена кровать с подогревом, матрас которой наполнен водой, и кровать с электроприводом, позволяющая трансформировать поверхность для сна и отдыха.

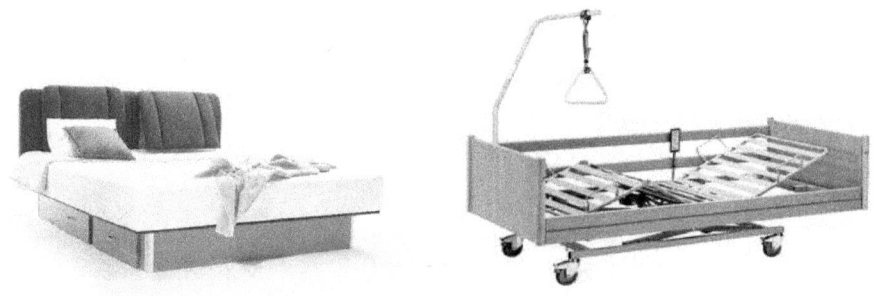

а *б*

Рисунок 1: *а* – водяная кровать с подогревом, *б* – кровать с электроприводом.

Отдельная категория матрасов позволяет улучшить качество сна беременных женщин и людей, проходящих курс восстановления здоровья после полученных травм или операций (рисунок 2).

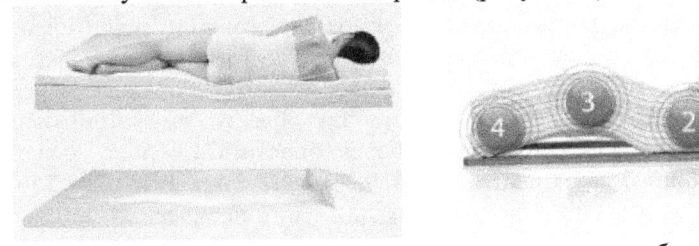

а *б*

Рисунок 2: *а* – вспененный полиуретановый матрас с эффектом памяти, *б* – матрас класса FlexDrive.

Но все эти матрасы являются достаточно узкоспециализированными, а уровень их адаптации не всегда соответствуют требованиям потребителей.

Таким образом, на сегодняшний день не найдены универсальные решения, позволяющие удовлетворить потребности всех пользователей, поэтому задача разработки универсального матраса с изменяемым коэффициентом жесткости и формой является интересной и актуальной.

Существует ряд приспособлений позволяющих обеспечить возможность сна на животе беременным женщинам за счет эластичных мембран [3]. Это позволяет снизить нагрузку и уменьшить боли в мышцах, снизить отечность ног, уменьшить вероятность появления тошноты и усталости. Но данная модель не учитывает индивидуальные особенности тела человека. Следует отметить, что изменение положения тела во время сна может привести к неблагоприятному для плода перераспределению давления тела матери на поверхность матраса, что значительно снижает уровень универсальности предлагаемого устройства.

К сожалению, ни одно из существующих на рынке устройств не позволяет обеспечить реакцию поверхности матраса согласно определенному алгоритму. Например, задача перераспределения давления тела человека с учетом особенностей организма в настоящее время не решена.

Предлагаемая технология позволяет создать адаптивный матрас на базе микропроцессорного управления, способного решить ряд описанных выше задач. Это достигается за счет применения распределенной системы изменения формы поверхности матраса и создания системы с относительным переменным модулем упругости. В этом случае давление тела человека на матрас будет определяется не упругими свойствами пружин, а степенью податливости распределенной системы исходя из информации от датчиков давления, выступающих в виде обратной связи.

Результаты исследования показывают, что основную нагрузку на поверхность для сна оказывают голова и поясничный отдел (область таза). При этом следует учитывать, что у беременных женщин значительно изменяется форма тела в области живота и груди, к тому же они становятся более чувствительными, что требует обеспечить минимальное давление во время сна на эти области. Форма матраса для области живота требует отдельного внимания, так как во время беременности эта область может составлять в среднем в продольной оси 450-480 мм, в поперечной – 350-370 мм, по глубине – до 320 мм. Ни один ортопедический матрас, имеющий пассивную систему адаптации, основанную на законах Гука или распределения давления в жидкостях (газах) не способен обеспечить столь значительное изменение формы без повышения давления тела в этой области. Матрасы, позволяющие получить равномерное распределение давления тела, при этом повторяют форму тела человека, что может привести к осложнениям состояния здоровья, так как они не поддерживают позвоночник в необходимом положении.

Таким образом, *идеальный матрас, с одной стороны, должен быть достаточно жестким, а с другой – обеспечивать значительное изменение своей поверхности для адаптации к форме тела конкретного человека.*

Проведенные теоретические исследования и разработанная конструкция адаптивной кластерной системы, каждый элемент которой обеспечивает возможность измерения давления на поверхность, изменения уровня поверхности в вертикальной плоскости и поддержания комфортной температуры, подтверждают возможность разработки универсального матраса с изменяемым коэффициентом жесткости и формой, позволяющего удовлетворить запросы даже самых требовательных пользователей.

Список литературы

1. Матрас с эффектом памяти: свойства и особенности / URL: http://www.matras-market.ru/articles/044 (дата обращения: 05.11.2013).
2. Латексный регулируемый матрас технологии FlexDrive / URL: http://www.myessentia.com/ru/catalog/mattresses/flexdrive (дата обращения: 05.11.2013).
3. Патент № 122291 МПК A61G7/00. Специализированная кровать для беременных женщин / Давыдов В. М., Ковальчук С. А., Карнеева А. В., Богачев А. П.; Тихоокеанский государственный университет.– 2012.

Antonov V.V., Navalikhina N.D., Shilina M.A.
V.V. Antonov, PhD, Associate professor, N.D. Navalikhina, PhD student, M. A. Shilina, PhD, professor assistant (Ufa State Aviation Technical University), Nadiatoropova@gmail.com.

THE SET-THEORETIC MODEL OF THE FORMALIZED TRANSFER PROCESS OF GOVERNMENT SERVICES TO ELECTRONIC FORM

Nowadays in the Republic of Bashkortostan within the state program called "Electronic government" a number of projects concerning the transfer of government services rendering process to electronic form is successfully realized [1]. From the technological point of view the main tasks of this project are: development of the information system for the government services rendering based on the single-window principle; organization of electronic inter-agency cooperation system; transfer of government services rendering procedure to electronic form [3, 157-160].

Until now the problem of this task formalization according to the requirements of national and industry standards using the criteria of traceability and identifiability of its indicators is not solved. It led to difficulty of planning, justification and management of expenses using the feedback principle [2].

In order to obtain a generalized picture of management of government services development, as well as to formalize and to identify the objective, let's schematically map the life cycle of the processes of e-government services (EGS) developing and rendering (fig. 1, 2).

According to the graphical IDEF0-model of the process of electronic state services development (the fragment is shown on fig.1) let's consider a set-theoretic model.

The variables in the set-theoretic model are designated according to the names and symbols given in the graphical models (fig. 1, 2).

$P_1 = \{A_1 ... A_4, T^1{}_1 ... T^1{}_3\}$,

where P_1 is a function from the life cycle (LC) of EGS development on the basis of a verbal description of the process of government services rendering, $A_1, ..., A_4$ – is a set of LC stages, $T^1, ..., T^1{}_3$ is a set of interaction rules for the LC stages of the project.

$A_1 = (I^1{}_1, I^1{}_2, I^1{}_3, O^1{}_1, O^1{}_2, U, M)$, $M = (M^1, M^2, M^3)$, $U = (U^1, U^2)$, $I^1{}_3 = (O^2{}_2, O^3{}_3, O^4{}_2)$, where M – is a set of roles in the project, U – a set of management rules, $A_2 = (I^1{}_1, I^1{}_2, O^1{}_1, O^1{}_2, O^2{}_1, O^2{}_2, U, M)$, $A_3 = (I^1{}_1, I^1{}_2, O^2{}_1, O^3{}_1, O^3{}_2, O^3{}_3, O^3{}_4, U, M)$, $A_4 = (I^1{}_1, I^1{}_2, I^4{}_3, O^3{}_2, O^3{}_1, O^4{}_1, O^4{}_2, U, M)$, $I^4{}_3 = O^{'4}{}_3$.

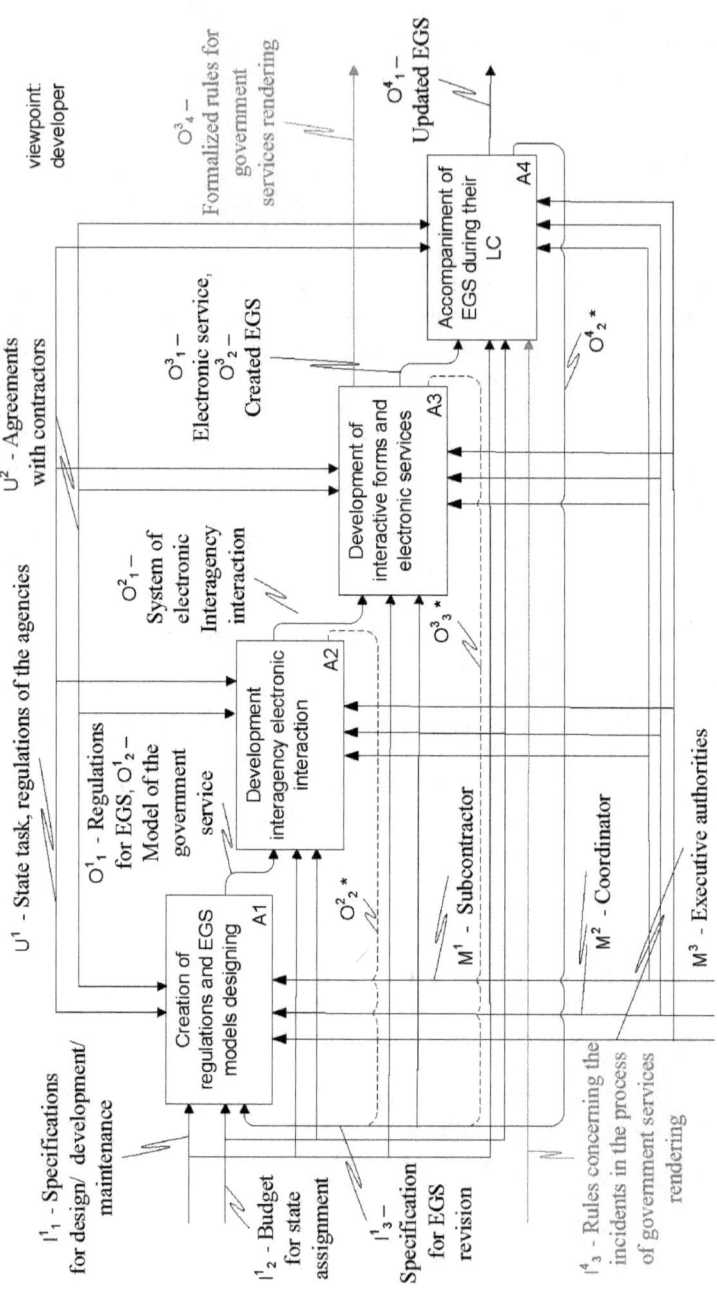

Figure 1 – A fragment of model of the process of EGS development

*O^2_2 – "Task for revision for correct development of interfaces for system of interagency electronic interaction", O^3_3 – "Task for revision for the purpose of correct realization of the Electronic Government", O^4_2 – "Task for completion due to the required changes"

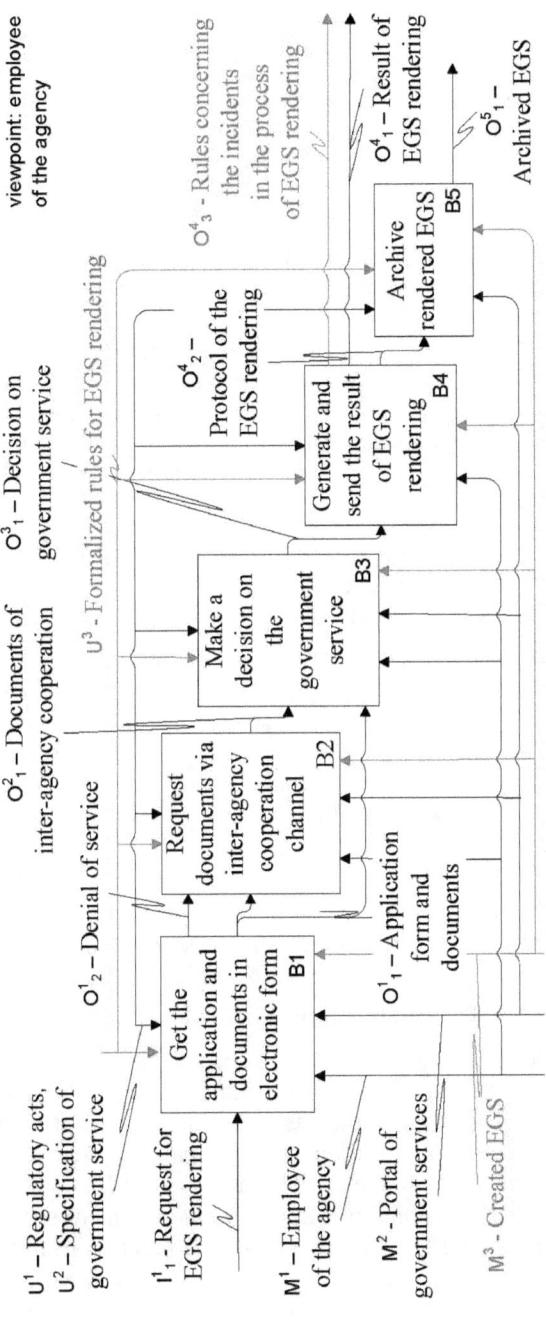

Figure 2 – A fragment of model of the process of EGS rendering

Similarly let's create a set-theoretic model for the process of electronic state services rendering.

$P_2 = \{B_1,...,B_5, T^2_1,...T^2_4\}$, where P_2 is a formalized model of the process of EGS rendering, $B_1,...,B_5$ – set of LC stages, $T^2_1,...,T^2_4$ – set of interaction rules for LC of government services stages.

$B_1 = (I^1_1, O^1_1, O^1_2, U, M)$, $U = (U^1, U^2, U^3)$, $M = (M^1, M^2, M^3)$, $U^3 = O^3_4$, where U – set of regulation rules, M – a set of roles in the project, $M^3 = O^3_2$, $B_2 = (O^1_1, O^2_1, U, M)$, $B_3 = (O^1_1, O^2_1, O^3_1, U, M)$, $B_4 = (O^3_1, O^4_1, O^4_2, O^4_3, U, M^1, M^3)$, $B_5 = (O^4_2, O^5_1, U, M^2, M^3)$.

Thus the life cycle of government service consists of two series-parallel processes: the process of government service development and its rendering process. These two processes have a common point of intersection, such as:

– the transfer of the government service in electronic form and formalized rules for its rendering from the development project to the rendering project;

– the transfer of incidents occurred in the rendering process in the form of requirements on the government service reengineering project (Fig.3).

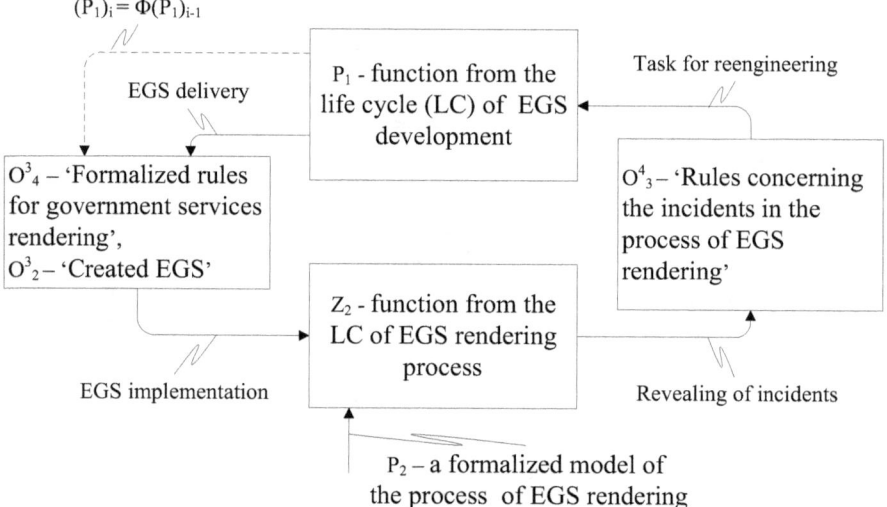

Figure 3 – Model of iterative process of EGS development and rendering

Let's consider a function from a LC of the transfer project of government service into electronic form as P_1 and the function from formalized model of government service rendering process as P_2. It should be noted that process of EGS rendering is performed according to the formalized process model (P_2) and formalized rules, obtained from the development project (P_1).

Let's consider a function from LC of the government services rendering process as Z_2, then $Z_2 = \{\{P_1\}, \{P_2\}\}$, where Z_2 is a function from the LC of EGS rendering process.

P_1 can be represented in the form of attributive model:

$P_1 = \{<A^1_i, D^1_i>, T^1\}$, $i=1,...,n_1$, where A^1_i is a name of attribute, D^1_i – the value of the attribute, $T^1 = (t^1_1,...,t^1_{m1})$ – a set of interaction rules for the attributes.

Similarly for P_2:

$P_2 = \{<A^2_i, D^2_i>, T^2\}$, $i=1,...,n_2$, where A^2_i is a name of attribute, D^2_i – the value of the attribute, $T^2 = (t^2_1,...,t^2_{m_2})$, $\{\langle A^1_i, D^1_i\rangle\} \subseteq \{\langle A^2_i, D^2_i\rangle\}$, $\{T^1\} \subseteq \{T^2\}$, where T^2 is a set of interaction rules for the attributes.

When updating the process of government service rendering owing to its automation (transfer to the electronic form), during the rendering process of the government service new interaction rules T^2 appear, that lead to the forming of new rendering rules for EGS S^2.

In the process of EGS rendering different incidents take place. It involves changes in the formalized rules of government service rendering T^2 and their transformation to rules connected with the incidents S'^2, then $S'^2 = R(S^2)$, where S'^2 – rules, connected with incidents in the process of EEGS rendering, R is a conversion function, S^2 – rules of EGS rendering.

Therefore, $T'^1 = T'^2 \cap \bar{S}'^2$, then $T'^2 = T^2 \cup S'^2$, where T'^1 is a changed set of rules of the project LC stages interaction caused by the incidents in the process of EGS rendering, T'^2 is a changed set of rules of the process LC stages interaction caused by the incidents in the process of EGS rendering.

When reengineering the government service the transfer process to an electronic look will be reduced to the tasks, connected with elimination of incidents, revealed in the course of EGS rendering. Then $T'^1 = F(T'^2)$, $P_i = \{\langle A^1, D^1\rangle, T'^1\} = \{\langle A^1, D^1\rangle, T'^2 \cap \bar{S}'^2\} = \{\langle AA^1, DD^1\rangle, TT^1\}$.

Thus, we obtain an iterative process $P_{i1} = \varphi(P_{i-11})$, where φ – a function of changes in rules and attributes P_1.

This iterative process occurs through the addition of new names of attributes and their values, as well as recognition of some old A^1_i and D^1_i not valid. Full reassignment of attributes is not performed because of the necessity of traceability of the performed EGS for a long time.

Function from the LC of EGS rendering Z_2 is formed by the interaction of a formalized EGS rendering process models P_2 and the process of development project for the transfer of government service to the electronic form P_1, which results in the formalized rules of EGS rendering O^3_4 and the software for its realization O^3_2. In the process of implementation and rendering of EGS P_2 the revolting influence in the form of incidents S'^2 is generated. These incidents are in turn the reason of changes in the set of rules of the project LC stages interaction T'^1 and of the start of iterative process P_{i1}.

The proposed set-theoretic model of interaction between objects in the system implements: the step-by-step allocation of domain objects, an establishment of the relationships between attributes, reducing of the fuzziness at each subsequent stage of the life cycle, as well as significant improvement of the project quality during the transfer of the government services in the electronic form.

References

1. Federal Law № 210-FZ «About the organization of providing the state and municipal services» (ed. 27.07.2010).
2. ISO/IEC 15288:2008. Systems Engineering. System life cycle processes.
3. Kulikov G.G., Antonov V.V., Navalikhina N.D. Complex method of cost accounting for the establishment and rendering of electronic government services according to the stages of their life cycle // Management of the Economy: methods, models, technologies: Proceedings of the 13th international scientific conference. – Ufa: USATU, 2013, pp.157-160

Амосов Е.А.
к.т.н., доцент Самарского государственного технического университета
amosov-ea@rambler.ru
Хисамутдинова А.В.
студентка Самарского государственного технического университета
abolotskaia@mail.ru

НАГЛЯДНАЯ МОДЕЛЬ ПРОТЕКАНИЯ СВС РЕАКЦИИ

В настоящей работе предлагается простая и наглядная модель, показывающая распространение фронта горения при протекании реакции самораспространяющегося высокотемпературного синтеза (или СВС реакции) в некоторой порошковой смеси без рассмотрения внутренних механизмов протекания подобной реакции.

Исходя из представлений Мержанова А.Г. о протекании реакции самораспространяющегося высокотемпературного синтеза [2], смесь порошков, в которой будет проходить СВС реакция, мы можем изобразить в виде последовательно расположенных реакционных ячеек, имеющих некоторую связь друг с другом (рисунок 1).

Рисунок 1 – Модель порошковой системы

Каждая ячейка может выделять, поглощать тепловую энергию, или не участвовать в энергетических процессах. Обозначим выделение тепла – знаком плюс, поглощение – знаком минус. Если ячейка не участвует в энергетических процессах (не горит или остыла), то обозначим её состояние цифрой ноль.

С учетом введённых обозначений изобразим модель порошковой системы до начала СВС реакции следующим образом (рисунок 2).

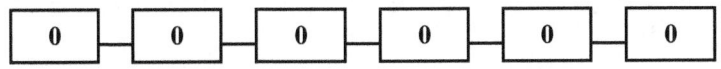

Рисунок 2 – Порошковая система до начала СВС реакции

Пусть в смеси начинается СВС реакция которая требует затрат энергии на нагрев каждой, в частности, крайней справа ячейки (рисунок 3).

Из рисунка 3 хорошо видно, что для нагрева крайней справа ячейки потребуется некоторый внешний источник энергии (рисунок 4).

Обычно таким источником в опытах служит вольфрамовая спираль, поджигающая СВС смесь и инициирующая СВС реакцию [1], которая затем продолжается уже самостоятельно, без подвода энергии извне.

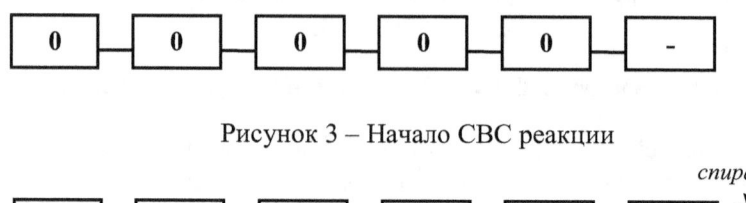

Рисунок 3 – Начало СВС реакции

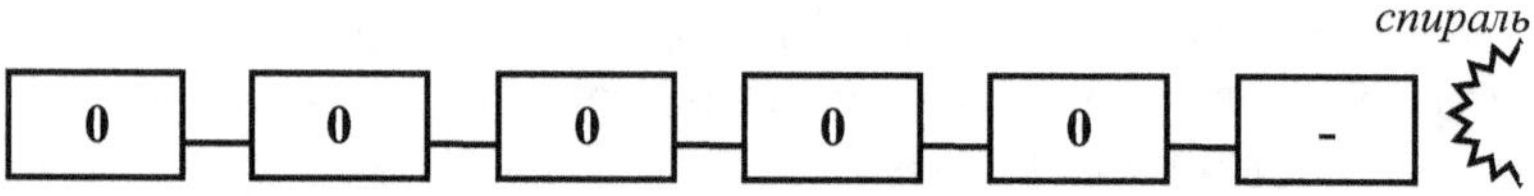

Рисунок 4 – Нагрев крайней ячейки внешним источником

После того, как крайняя справа ячейка начинает выделять тепло, состояние системы имеет следующий вид (рисунок 5).

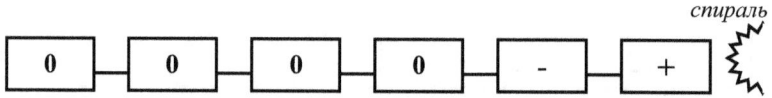

Рисунок 5 – Начало самостоятельной СВС реакции

Теперь уже (при условии, что количество выделяющейся энергии больше энергии, необходимой для нагрева следующей реакционной ячейки, с учётом потерь на излучение) реакция в смеси может, в принципе, идти самостоятельно (рисунок 6). Реакционные ячейки будут последовательно нагреваться до температуры воспламенения (то есть, поглощать энергию), а затем выделять её при горении – синтезе СВС продукта.

На рисунке 6 показан один из таких моментов распространения волны горения.

Рисунок 6 – Нагрев и воспламенение очередных ячеек смеси

На рисунке 7 отражено состояние системы (порошковой смеси) в последовательные моменты времени. Из рисунка 7 хорошо видно, как по смеси распространяется фронт горения справа налево.

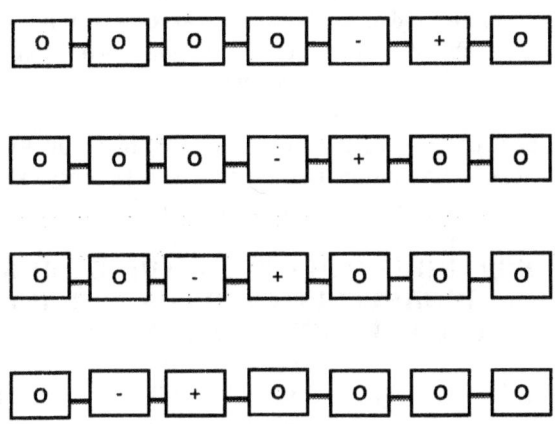

Рисунок 7 – Распространение волны горения по смеси

Подобная модель вполне может быть использована как простая и наглядная иллюстрация при изучении и анализе процессов самораспространяющегося высокотемпературного синтеза (СВС реакций) в различных порошковых системах.

Литература

1. Амосов А.П., Боровинская И.П., Мержанов А.Г. Порошковая технология самораспрастраняющегося высокотемпературного синтеза материалов. – М.: Машиностроение-1, 2007 . – 471 с.

2. Мержанов А.Г., Мукасьян А.С. Твердопламенное горение. – М.: ТОРУС ПРЕСС, 2007. – 336 с.

Афанасьева И.А.
ассистент кафедры Транспортных систем и логистики Харьковского национального университета городского хозяйства имени А. Н. Бекетова
Вакуленко Е.Е.
к.т.н., доцент кафедры Транспортных систем и логистики Харьковского национального университета городского хозяйства имени А. Н. Бекетова
Доля В.К.
д.т.н., профессор, заведующий кафедры Транспортных систем и логистики Харьковский национальный университет городского хозяйства имени А. Н. Бекетова

РЕКОМЕНДАЦИИ ПО ИССЛЕДОВАНИЮ ВЛИЯНИЯ ИНФОРМАЦИОННЫХ ПОТОКОВ НА РЕЗУЛЬТАТЫ ДЕЯТЕЛЬНОСТИ ОПЕРАТОРА

Современный человек в эпоху информационного прорыва сталкивается с проблемой выбора и обработки информации, поступающей к нему. Деятельность человека в системах «водитель – автомобиль – дорога – среда» – не исключение. Роль и значение информации во всех сферах деятельности человека значительно возросли.

Интенсивность информационного потока, который воздействует на человека (водителя), постоянно увеличивается из-за стремительного развития современных средств электронной телекоммуникации, повышения количества придорожной рекламы, активного использования сотовых устройств передачи информации. Увеличение потока информации как вне автомобиля (избыточная нежелательная информация, количество придорожной рекламы), так и в салоне автомобиля (использование сотовой связи, радио), влияет на психоэмоциональное состояние водителя и снижает его реакцию, повышает вероятность возникновения дорожно-транспортных происшествий (ДТП). Не случайно большинство ДТП происходит по вине водителя, а не автомобиля или дороги. В основе причин ДТП лежит личностный фактор – психика человека. Учитывая это, исследование влияния информационных потоков на водителя, является актуальным [1, 1].

Изучение результатов деятельности человека во взаимодействии с техническими средствами, которые тяжело обнаружить в процессе анализа, проводят с помощью экспериментальных методов. Нервно-психическая и физическая нагрузка выражается в конкретных реакциях вегетативной нервной системы, которая регулирует деятельность органов кровообращения, дыхания, нервной системы, выделения, зрения, а также обмена веществ и развития роста [2, 690]. С целью изучения функционального состояния человека в процессе выполнения любого вида деятельности широко применяют психофизиологические и электрофизиологические исследовательские приемы. В исследовательской практике рассматриваются такие основные электрофизиологические методы [3, 70, 71]: метод регистрации электрической активности сердца (ЭКГ), метод регистрации кожно-гальванической реакции, метод регистрации окуломоторной активности человека, метод регистрации активности мышечной системы, метод регистрации активности дыхательной системы, метод регистрации активности отделов головного мозга (ЭЭГ), метод психофизиологического тестирования внимания человека.

В рамках проведенных исследований были выбраны наиболее информативные параметры психофизиологического состояния оператора на которые воздействуют информационные потоки в результате его деятельности. Данные информативные параметры психофизиологического состояния оператора было решено определять с помощью следующих методов: метод ЭЭГ с помощью аппаратно-программного комплекса «Нейроком», используемый для определения изменения электрической активности работы мозга оператора при обработке входящей информации; метод ЭКГ с помощью аппаратно-программного комплекса «Кардиосенс», используемый для определения уровня утомляемости оператора при проведении исследований; табличный метод «Корректурная проба», применяемый для определения количественных показателей внимания оператора при обработке входящей информации.

При измерении электрической активности работы мозга любая активность, не связанная с электрической активностью мозга является артефактом, поэтому были определены условия проведения лабораторного эксперимента с использованием электроэнцефалографа, при которых количество артефактов ($N_{арт}$) стремится к минимуму.

В результате проведения лабораторных исследований получен механизм определения влияния информационных потоков на функциональное состояние оператора. Выявление появления артефактов при тех или иных условиях, позволило сформировать рекомендациями по уменьшению количества артефактов ЭЭГ. С целью снижения количества артефактов во время проведения эксперимента исследователь должен придерживаться правил поведения и подробно инструктировать испытуемого по всем пунктам, приведенным в табл.1.

Также в рамках исследования определялось существование взаимосвязи между показателями ЭЭГ и показателями психологического теста «Корректурная проба», для расчетов количественных показателей внимания по данному тесту возможно рассчитать следующие показатели: количество информации; фактическая производительность; показатель устойчивости концентрации внимания; точность выполнения задачи.

Таблица 1 – Рекомендации по уменьшению количества артефактов при проведении лабораторного исследования с использованием ЭЭГ

Вид артефакта	Причина возникновения	Рекомендации по уменьшению его влияния
Мышечный артефакт	Мышечная активность (движения тела испытуемого)	• перед началом эксперимента испытуемый должен занять удобное положение; • во время проведения эксперимента ноги испытуемого должны быть неподвижны, плавное движение головой возможно в случае необходимости в рамках условий опыта; • движение кистей рук возможно при максимальном ограничении движения предплечья
Окулографич-ный артефакт	Вращение зрительного яблока и моргание испытуемого	• перед началом эксперимента испытуемый может воспользоваться каплями для увлажнения глаз; • использование затылочных отведений (О) для анализа данных ЭЭГ; • удаление зрительных артефактов с помощью метода ICA-технологии
Кардиоартефакт	У испытуемого близко расположен ЭКГ-сигнал	• вывод из эксперимента участника, для которого регистрируется этот артефакт
Артефакт пульсации	Нанесение электрода ЭЭГ на кровеносный сосуд испытуемого	• корректировка расположения электродов
Спириоартефакт	Дыхание испытуемого	• во время проведения эксперимента испытуемый должен дышать медленно
Кожно-гальванический артефакт	Кожное потоотделение испытуемого	• обработка спиртом мест крепления электродов
Глоссокинети-ческий артефакт	Голосовые сигналы испытуемого	• во время проведения эксперимента испытуемый должен говорить без использования резких мимических движений
Экстрафизиоло-гический артефакт	Плохой контакт, переменный ток, движение объектов вокруг испытуемого, звуковая волна, направленная на усилитель ЭЭГ	• проверка технических условий перед началом проведения эксперимента; • движение лаборантов разрешен в радиусе более 2м при условии использования обуви на резиновой подошве; • не направлять звуковую волну любого происхождения на усилитель ЭЭГ

В результате было определено, что расчётные показатели теста «Корректурная проба» указывают на то, что перенасыщение входящей информации влияет на развитие утомления в ходе проведения эксперимента. Однако, эти показатели не учитывают изменения количества воспринимаемой информации в режиме реального времени, поэтому не могут быть использованы в исследованиях для определения количественной оценки.

ЛИТЕРАТУРА

1. Афанасьєва І. А. Вплив інформаційних потоків На результати діяльності водія в системі «водій – автомобіль – дорога – середовище» / автореф. дис. на здобуття вчен. степені канд. тех. наук : спец. 05.01.04 «Ергономіка» / І. А. Афанасьєва. – Х., 2013. – 21 с.
2. Физиология человека : в 3-х т. Т. 3. Пер. с англ. под ред. Р. Шмидта, Г. Тевса. – 2-е изд. – М. : Мир, 1996. – 198 с.
3. Лобанов Е. М. Проектирование дорог и организация движения с учетом психофизиологии водителя / Е. М. Лобанов. – М. : Транспорт, 1980. – 311 с.

Лежнева Е.И.
доцент, канд. техн. наук, Харьковский национальный автомобильно-дорожный университет

ЭФФЕКТИВНОСТЬ СКОРОСТНЫХ ВИДОВ ОБЩЕСТВЕННОГО ТРАНСПОРТА В КРУПНЕЙШИХ ГОРОДАХ

В последнее время во многих городах Украины наблюдается значительный рост пассажирских перевозок. Во многом этому способствуют высокие темпы развития легкового автомобильного транспорта, который в ряде городов является основным средством пассажирского сообщения. С развитием автомобильного транспорта индивидуального пользования выявились и его слабые стороны как средства городского пассажирского транспорта (ГПТ). Большая насыщенность городов автомобилями является причиной заторов уличного движения, загрязнения воздушного бассейна городов, повышения уровня шума, роста дорожно-транспортных происшествий.

Со сменой экономического курса страны и появлением большого количества предпринимателей, произошли глобальные изменения, затронувшие и сферу автомобильного транспорта. Большинство объектов общественного пассажирского транспорта было приватизировано, сменились и мотивации в сфере перевозок. Реформирование экономики не изменило характер деятельности транспорта, но усилило значение качественных критериев оценки его работы, например, своевременности, надежности, гибкости т.д.

В настоящее время в системе городского пассажирского транспорта в общем случае можно выделить три заинтересованных стороны: потребитель транспортной услуги (пассажир), оператор системы перевозок (перевозчик), администрации муниципального образования. Для них мотивации пассажирских перевозок в общем случае не совпадают, а в парах пассажир-перевозчик и, иногда, перевозчик-администрация, могут быть диаметрально противоположны.

Организационные решения по повышению эффективности работы ГПТ, эффективные с экономической точки зрения, далеко не всегда являются наилучшими в плане социальном, т.е. в некоторых случаях стремление к достижению высокой экономической эффективности работы пассажирского транспорта может привести к таким отрицательным социальным результатам, как уменьшение свободного времени населения, снижение качества перевозок, ухудшение экологической ситуации и т.д. Причиной этого в некоторой мере является существующая система оценки деятельности предприятий пассажирского транспорта, которая в большей степени направлена на достижение лучших результатов экономической деятельности данных предприятий, а качественные характеристики обслуживания населения отодвигаются на второй план. При таких условиях актуальное значение имеет проблема изучения социально-экономической эффективности пассажирских перевозок [1, 1].

Транспортная система является одним из важнейших структурных элементов современного крупного города. Основу всех мероприятий по совершенствованию транспортных систем составляют проектные планировочные решения и научно-исследовательские разработки, определяющие характер и масштабы развития города, его планировочную структуру, улично-дорожную сеть и транспортную систему в целом.

При оценке работы транспортной системы традиционно учитываются следующие критерии: безопасность дорожного движения, эффективность транспортного обслуживания и экологическая безопасность. Важность каждого из них неоспорима, но, учитывая долю заинтересованного населения, необходимо признать, что значимость экологического критерия выдвигает его на первое место. Действительно, если первые два критерия касаются в первую очередь участников автомобильных перевозок, пешеходов и их близких, то третий, экологический критерий, затрагивает интересы всего населения, проживающего на данной территории: от новорожденных до стариков, и даже последующие поколения, так как выбросы автомобильного транспорта меняют состав воздуха, почвы и воды. По данным исследований последних лет повышение концентрации загрязняющих веществ в атмосфере является прямой причиной роста некоторых видов заболеваний среди населения [2, 5].

На современном этапе необходимо качественное изменение транспортной системы города. Решение проблемы должно идти по пути создания в городах с миллионным населением системы различных видов скоростного транспорта. Большую роль могут сыграть скоростные виды транспорта со средней провозной способностью, имеющие сравнительно низкую капиталоемкость. К ним можно отнести скоростной трамвай и экспресс-автобус. Они должны органически дополнять линии метрополитена, соединяя его станции с крупными жилыми районами, на периферии города, на направлениях, обладающих устойчивым пассажиропотоком.

В ходе проведенного анализа пассажирских перевозок установлена необходимость осуществления ряда мероприятий, направленных на социальную защиту людей. Для этого желательно обеспечить такие параметры их поездки в городском пассажирском транспорте, при которых транспортное утомление пассажиров, затраты на проезд и отрицательное влияние на окружающую среду были бы по возможности минимальными. Поэтому предлагается использовать новый критерий оценки эффективности скоростных видов транспорта при перевозке пассажиров, который позволяет учитывать социально-экономические последствия транспортного процесса для общества в целом:

$$З_{общ} = З_{гд} + З_{пр} + З_{экол} \Big/ ПО \leq \mu \to \min \text{,} \qquad (1)$$

где $З_{общ}$ - суммарные затраты общества на транспортный процесс, у.е.;

$З_{гд}$ - снижение городского дохода вследствие транспортного процесса, у.е.;

$З_{пр}$ - затраты пассажиров на проезд в транспортном средстве, у.е.;

$З_{экол}$ - затраты на улучшение экологической ситуации в городе, у.е.

$ПО$ - период окупаемости инвестиционного проекта, лет;

μ - экономически обусловленная величина периода окупаемости основных активов предприятия в условиях рыночной экономики с учетом законодательной базы.

Критические ситуации на территории крупнейших городов, связанные с заторами на дорогах и повышением концентрации загрязняющих веществ в атмосферном воздухе, заставляют задуматься про ограничение или полный запрет экономически оправданных видов транспорта и поддержку городского электрического транспорта. Комфортные условия передвижения и высокие скорости сообщения на маршрутах могут стимулировать автолюбителей к отказу от личных автотранспортных средств и пересадке на общественные виды транспорта, что очень важно в решении транспортных проблем.

Широкое использование линий скоростного трамвая необходимо начинать уже в настоящее время, в особенности в районах, где программа строительства метро завершена, либо в районах, где строительство метрополитена в ближайшие 15-20 лет не предусматривается. В целях наиболее эффективной работы линий скоростного трамвая их следует трассировать непосредственно через жилые районы, а не вдоль основных магистральных улиц, тем самым повышая доступность остановочных пунктов. Выделение трасс скоростного трамвая на обособленное полотно и снижение частоты остановок до 0,8-1,2 км само по себе дает ощутимый прирост скорости сообщения [3, 39]. В отдельных случаях могут иметь место линии скоростного трамвая типа наземных линий метро, без выхода подвижного состава на линии обычного трамвая.

Систему скоростного рельсового транспорта следует дополнять широко развитой сетью экспрессных линий автобуса [4, 33]. Наличие сформированных транспортных сетей и совокупности транспортных средств позволяет найти резервы рациональной организации движения на маршрутах. К методам организации движения на маршрутах относят организацию экспрессных маршрутных перевозок, которая позволяет повысить провозную способность маршрута, улучшить уровень транспортного обслуживания и снизить влияние транспортных средств на окружающую среду. Несмотря на практическое применение всех известных методов экспрессного движения автобусов на маршрутах, до настоящего времени неопределенными остаются рациональные области использования этих методов, почти отсутствуют методические рекомендации для их реализации, а часть из них совсем не исследована. Под экспресс-автобусом на перспективу надо понимать линии, проложенные в основном по городским скоростным дорогам и магистральным улицам с непрерывным движением транспорта, с редкими остановками на маршрутах. Маршруты скоростного автобусного транспорта целесообразно проектировать на направлениях, имеющих устойчивые средние пассажиропотоки, и на направлениях с ярко выраженной односторонней «пиковой» нагрузкой.

Таким образом, обоснование сети скоростного транспорта заключается в выборе и оценке оптимального варианта для получения максимального среднесуточного пассажиропотока и минимальных затрат населения на передвижения при наименьших размерах строительно-эксплуатационных затрат.

Литература:

1. Лежнева Е.И. Эффективность экспрессных маршрутных перевозок пассажиров в крупнейших городах: Автореф. дис. канд. техн. наук. – Харьков, 2007. – 18 с.
2. Яшина М.В. Теоретические основы минимизации экологического воздействия автотранспортных потоков на окружающую среду: дис. ... доктора техн. наук – М., 2000. – 330 с.
3. Скоростной общественный транспорт крупного города: информац. обзор, Центр научно-технической информации по гражданскому строительству и архитектуре. – М.: ЦНТИ, 1972. – 50 с.
4. Самойлов Д.С. Городской скоростной пассажирский транспорт: учебн. пособие для вузов. – М.: ВШ, 1975. – 231 с.

Технические науки

Софронов Д.А.
студент гр. ПГС-12-2 ИТИ СВФУ d1mo@live.com
Романов П.Г.
к.т.н. ген.дир. ОАО «Сахапроект»
Захаров А.Е.
ГИП ОАО «Сахапроект»

ОСНОВНЫЕ ПРИНЦИПЫ ВОЗВЕДЕНИЯ ФУНДАМЕНТОВ И ОСНОВАНИЙ НА ТЕРРИТОРИИ ЯКУТИИ

Климатические особенности, наличие вечномерзлых грунтов усложняют строительство, эксплуатацию и функционирование зданий и сооружений на территории Якутии.

В целях повышения качественных и технико-экономических показателей при строительстве необходимо поддерживать естественное состояние грунтов в основании сооружения. Целесообразна замена пучинистых грунтов речным песком и их последующее уплотнение. При грамотной эксплуатации жилого дома и проветривании цокольного этажа для удержания низких температур грунта здание может стоять долго. Правильное определение территории строительства на основании материалов изысканий необходимо для осуществления успешного строительства и обеспечения прочности и долговечности зданий и сооружений в условиях вечномерзлых грунтов.

«С начала 70х годов в городе Якутске обрушились более 20 каменных зданий» [2, 198]. Основными причинами преждевременной деформации и износа конструкции были: недостаточный опыт строительства на вечномерзлых грунтах, ошибки проектирования, нарушение требований СНиП и применение некачественных строительных материалов при строительстве, неразвитая сеть ливневой канализации в черте генплана города, вследствие чего произошло неконтролируемое оттаивание, засоление, обводнение территорий застройки города [2, 199]. Поэтому изучение основных принципов возведения фундаментов и оснований в данный момент весьма актуально.

На выбранных площадках исследуются грунты, их напластования, гранулометрический состав, влажность, глубина грунтовых вод и их напор, глубина залегания мерзлых грунтов и мощность деятельного слоя в соответствии с "Техническими условиями проектирования оснований и фундаментов на вечномерзлых грунтах" [5].

Для исследования грунтов, определения мерзлотного состояния верхних толщ грунтов и изучения гидрогеологических особенностей в основном используются разведочные канавы, шурфы и буровые скважины.

Существуют два принципа строительства на вечномерзлых грунтах:

I принцип – вечномерзлые грунты основания используются в мерзлом состоянии, сохраненном в процессе строительства и в течение всего периода эксплуатации сооружения.

II принцип – в качестве оснований зданий и сооружений используются талые грунты с высокими температурами.

При I-м принципе грунты основания используются в мерзлом состоянии и сохранением мерзлоты в течение всего периода эксплуатации. Для этого используются проветриваемые подполья. После строительства здания под проветриваемые подполья граница вечной мерзлоты поднимается, т.е в г. Якутске граница вечной мерзлоты находящаяся на уровне 3,2 м, может подняться до 2,8-2,9 м. Для сохранения мерзлого состояния грунта нужно решить отвод ливневых и талых вод из-под здания и территории благоустройства. Должна быть решена вертикальная планировка квартала или микрорайона с использованием естественного уклона земли.

II принцип рекомендуется применять при неглубоком расположении (залегании) скальных грунтов, а также при малосжимаемых в талом состоянии и при оттаивании грунтов (плотные крупнообломочные грунты и пески, пылевато-глинистые грунты твердой и полутвердой консистенции) [4, 395].

При строительстве по I-му принципу для сохранения вечномерзлого состояния оснований используются различные методы:

- при вертикальной планировке территорий производится подсыпка под зданием около 30 см для отвода сточных вод;

- теплоизоляция в сочетании с другими методами для сооружений, занимающих небольшую площадь;

- вентилируемые подполья являются основным и наиболее распространенным способом регулирования теплового влияния здания на температурный режим основания, открытые подполья имеют сообщение с наружной средой [1, 354].

В зимний период подполья дают возможность замерзнуть верхним слоям грунта, а летом само здание заслоняет основание от солнечных лучей. Так же эффективны подполья с регулируемым проветриванием – с продухами. Зимой продухи открыты, а в летнее время их закрывают;

- подсыпки с трубами воздушного охлаждения применяют, главным образом для одно- или двухэтажных зданий из легких конструкций. Для уменьшения теплопередачи от 1-го этажа здания применяются высокоэффективные утеплители. Трубы прокладывают в пределах насыпного слоя грунта и выводятся наружу - в подполье или вблизи стен здания. Охлаждение основания достигается принудительным и естественным движением по трубам холодного наружного воздуха;

- промораживающие колонки применяются при подготовке оснований перед строительством, а также для поддержания в основании заданного температурного режима в период эксплуатации [4, 396-397].

Вечномерзлые грунты оснований пробуриваются шнековым бурением диаметром 70 см. Наибольшее распространение получили свайные фундаменты с тупым и острым концом, с цементно-песчаным или известковым заполнением пазух;

- буроопускные сваи применяют во всех грунтовых условиях при температуре грунта не выше - $0,5С^0$. Сначала в основании пробуривают скважины на 5…10 см превышающий поперечный размер сваи. Затем скважины заполняют цементным раствором, после чего погружают в них сваи. После замерзания цементного раствора свая оказывается в вечномерзлом грунте;

- бурозабивные сваи устраивают забивкой ударным механизмом. Такие сваи эффективны в пластичных грунтах, не содержащих крупнообломочных включений и галечников.

Сопряжение несущих конструкций со сваями обычно осуществляется с помощью монолитных железобетонных ростверков. Иногда применяют сборные железобетонные конструкции, состоящие из сборных железобетонных оголовников и сборных рандбалок, соединяющихся между собой методом сварки.

Для изучения температурного и прочностного режимов грунтов 203 квартала подготовлен натурный эксперимент. Подготовлена сетка температурных датчиков в количестве 50 штук (термокоса).

Термокоса предназначена для описания динамики изменения температурного поля в грунтах 203 квартала и совмещена с инженерными сетями с эффективной теплоизоляцией (см. рис.)

Схема расположения точек измерения при ⌀ трубы 200мм

В некоторых условиях необходимы мероприятия по борьбе с морозным пучением. Для уменьшения касательных сил пучения фундаменты в пределах деятельного слоя производят замену грунта, т.е пучинистый грунт основания вывозится и заменяется непучинистым грунтом (песок, песчано-гравийная смесь). Расчет длины сваи на пучинистом грунте производится с учетом того, что сила пучения должна быть меньше касательной силы промороженной части сваи в вечномерзлый грунт основания.

При использовании грунтов основания по второму принципу, кроме свай, широко используются ленточные фундаменты шириной от 60 до 40 см, а также фундаментные конструкции различных конструктивных форм с башмаками. Преимущество ленточных фундаментов в том, что эти фундаменты имеют большую несущую способность, распределяя нагрузку на ширину площади подошвы фундамента. Данный вид фундамента используется для строительства жилых домов на намывных грунтах в г. Якутске, это кварталы 202 и 203, потому что намывные пески имеют температуру от 0 до +4 C^0.

Какой бы принцип не использовался, весьма важным является технология производства работ.

Технология производства работ по устройству фундаментов должна обеспечивать надежность эксплуатации здания, по принятому принципу строительства на вечномерзлых грунтах.

Список использованной литературы

1. Далматов Б.И. – Механика грунтов, основания и фундаменты (включая специальный курс инженерной геологии). – 2-е изд. перераб. и доп. – Л.: Стройиздат, Ленингр. отд-ние, 1988. – 415 с. ил.
2. Кычкина А.И. Обеспечение устойчивости и долговечности капитальных зданий и сооружений в г. Якутске // Материалы Республиканской научно-практической конференции, г.Якутск, 6-7 апреля 2004 г. / под ред. Л.П. Яковлевой, Ф.Ф. Посельского, А.Е. Местникова, В.Г. Аржакова, В.А. Прохорова, В.П. Игнатьева. – Якутск: Издательство ЯГУ, 2004. – С.197-206
3. Материалы Республиканской научно-практической конференции, г.Якутск, 6-7 апреля 2004 г. / под ред. Л.П. Яковлевой, Ф.Ф. Посельского, А.Е. Местникова, В.Г. Аржакова, В.А. Прохорова, В.П. Игнатьева. – Якутск: Издательство ЯГУ, 2004. – 270 с.
4. Механика грунтов, основания и фундаменты: Учебник / С.Б. Ухов и др., М., 1994., стр. 527.
5. СНиП 2.02.04-88 «Основания и фундаменты зданий и сооружений на вечномерзлых грунтах».

Астапенко А.М.
аспирант, Южно-Уральский государственный университет (НИУ)

РАЗРАБОТКА ОЗОНАТОРА-НЕЙТРАЛИЗАТОРА ВЫХЛОПНЫХ ГАЗОВ ДВИГАТЕЛЯ ВНУТРЕННЕГО СГОРАНИЯ

Эксплуатация автомобильного транспорта в крупных городах сопряжена с множеством проблем. На долю автомобильного транспорта приходится значительная часть общего количества загрязняющих атмосферу города выбросов. Серьезными проблемами также являются производимый транспортом шум и заторы на улицах города.

Надо заметить, что в России большая часть автопарка легковых автомобилей на сегодняшний день состоит из транспорта с низкими экологическими показателями: более половины парка не удовлетворяет нормам «ЕВРО-2», а нормам «ЕВРО-4» удовлетворяет 17,5% парка (рис.1) [1].

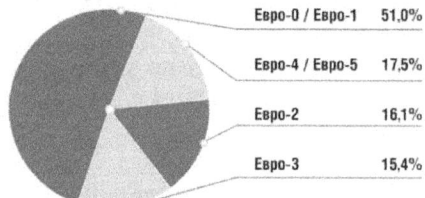

Рис. 1. Структура российского парка легковых автомобилей по нормам токсичности за 2012 год

Каждый автомобиль выбрасывает в атмосферу с отработавшими газами около 200 различных компонентов. Состав отработавших газов бензинового и дизельного двигателей показан на рис.2. В них содержатся углеводороды - несгоревшие или не полностью сгоревшие компоненты топлива [2, 67]. Содержатся также альдегиды, обладающие резким запахом и раздражающим действием, оксиды азота, неразложившиеся углеводороды топлива и многие другие отравляющие окружающую среду вещества. Также из-за неполного сгорания топлива в двигателе автомобиля часть углеводородов превращается в сажу, содержащую смолистые вещества [3, 143].

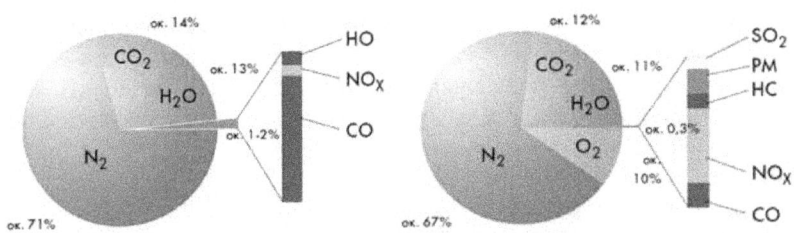

Рис. 2. Состав выхлопных газов бензинового и дизельного двигателей.

На сегодняшний день перспективными в решении проблем загрязнения автотранспортом окружающей среды считаются разработки, в которых применяется метод электронно-ионной технологии, привлекающий своими преимуществами: дешевизной получения озона, простотой конструкции, малой материалоёмкостью. Электронно-ионная технология (озонирование воздуха) приводит к значительному снижению токсичности выхлопных газов ДВС автомобилей [4].

На данный момент разработано устройство озонирования воздуха, установленное в систему выпуска легкового автомобиля и улучшающее его экологические показатели.

Основным физическим процессом устройства является эффект коронного разряда, который образуется, когда электрическое поле вокруг проводника сильно неоднородно, в воздухе происходит ионизация, сопровождаемая свечением, проводник при этом, окружен как бы короной. Свечение короны не достигает противоположного электрода, затухая в окружающем газе. Количество озона, образующееся в коронном разряде, колеблется от 15 до 25 г O_3/кВтч. Преимуществом озонаторов на основе коронного разряда является в первую очередь простота конструкции и неограниченность «разрядного промежутка» [5, 112]. Газ можно прокачивать без дополнительного сопротивления, например, по широкой трубе с проволокой вдоль оси.

Озон является аллотропной модификацией кислорода, содержащей в молекуле три атома кислорода. В большинстве случаев исходным веществом для синтеза озона выступает молекулярный кислород (O_2), а сам процесс описывается уравнением:

$$3O_2 \rightarrow 2O_3$$

Озон - сильнейший окислитель. Он реагирует с большинством органических и неорганических веществ [5, 35]. В процессе реакций образуется кислород, вода, оксиды углерода и высшие оксиды других элементов. Все эти продукты не загрязняют окружающую среду и не приводят к образованию канцерогенных веществ. Таким образом, значение озонирования отработавших газов автомобильного двигателя делает исследования в области экологии весьма актуальными.

Принцип действия разработанной установки озонирования воздуха прост: в токопроводящей заземленной трубке установлена коаксиально натянутая проволока, имеющая высокий потенциал до 30 кВ. Возникает эффект коронного разряда, который сопровождается интенсивным выделением озона. Выхлопные газы, проходя сквозь трубку озонатора, вступают в химическую реакцию с озоном, которая приводит к нейтрализации вредных выбросов ДВС.

Проведенные эксперименты на построенном в лаборатории стенде "Выхлопная система легкового автомобиля" показали, что, в случае работы собранного озонатора в системе выпуска, уровень угарного газа (CO) уменьшился на 20% при 500 об/мин и на 30% при 1500 об/мин. Результаты опытов ещё раз подтверждают актуальность проекта.

Также была выведена зависимость эффективности озонирования выхлопных газов автомобиля от изменения параметров электродов. Исследования показали, что эффективность озонирования воздушной среды прямопропорциональна току короны.

Стоит отметить, что подобной установкой до сих пор не оснащён ни один серийно выпускающийся автомобиль.

Выводы

1. Актуальность проблемы экологии во всем мире с каждым годом возрастает, так как на долю автомобильного транспорта приходится большая часть загрязнений окружающей среды. Учитывая тот факт, что 51% легковых автомобилей в России имеют экологический класс не выше Евро-1, то научные и конструкторские работы, направленные на снижение содержания вредных веществ в отработавших газах, являются актуальными.

2. В разработке, представленной в данной работе, применяется метод электронно-ионной технологии, который привлекает своими преимуществами: дешевизной получения озона, простотой конструкции, малой материалоёмкостью. Опыты показали, что озонирование воздуха приводит к значительному снижению токсичности выхлопных газов двигателей внутреннего сгорания легковых автомобилей. Устройство можно считать перспективным и способным внедриться в серийное производство.

Список использованной литературы

1. Автостат // Интернет-ресурс http://www.autostat.ru
2. Жегалин, О.И., Лупачёв, П.Д. Снижение токсичности автомобильных двигателей/ О.И. Жегалин, П.Д. Лупачёв.- М.: Транспорт, 2005
3. Дентон, Т. Автомобильная электроника. Самое полное описание электрических и электронных систем современных автомобилей / Т. Дентон.- М.: NT Press, 2008

4.Экологический автомобиль // Интернет-ресурс http://ecoconceptcars.ru

5. Орлов, В.А. Озонирование воды/ В.А. Орлов.- М.: Стройиздат, 1994

Валиев М.Р.
студент
Валиев Р.Р.
студент
Ахметшин Р.С.
кандидат технических наук
Набережночелнинский институт (филиал) федерального государственного автономного образовательного учреждения высшего профессионального образования «Казанский (Приволжский) федеральный университет»

УСТРОЙСТВО СЕЙСМОУСТОЙЧИВОЙ УСТАНОВКИ РАЗРЯДНИКА

При коммутациях, а также вследствие атмосферных разрядов в электротехнических установках часто возникают импульсы напряжения - перенапряжения, существенно превышающие номинальное. Электрическая изоляция оборудования не должна повреждаться при этом и выбирается с соответствующим запасом. Однако возникающие перенапряжения зачастую превосходят этот запас, и изоляция тогда повреждается — пробивается, что может привести к тяжелым авариям. Для ограничения возникающих перенапряжений, а следовательно, и снижения требований к уровню электрической изоляции применяются разрядники.

Однако установка разрядников в сейсмических районах является проблематичным. При землетрясениях, из-за своей хрупкости, разрядники быстро выходят из строя.

Известно устройство для установки разрядника [1,34], содержащее стойку-фундамент и монтажный узел под нижним фланцем разрядника. Но при такой установке разрядник подвержен разрушению от землетрясения.

Известно применение технического решения, заключающегося в установке в монтажном узле, под нижним фланцем разрядника резиновых амортизационных прокладок. Однако они приводят к усилению сейсмического воздействия в 2-3 раза [2,72].

Также известно техническое решение [3,20], которое в качестве разрядника использует ограничитель перенапряжений, имеющий меньшую высоту. Но функциональные характеристики ограничителя перенапряжений не совпадает с рабочими характеристиками разрядника.

Техническое решение, направленное на сейсмоустойчивую установку разрядника показано на рис.1. На рисунке показаны монтажный узел 1 под нижним фланцем разрядника 2, регистратор срабатывания 3 (заземлитель условно не показан), стойка-фундамент 4, дополнительно установленные второй монтажный узел 5 на верхнем фланце разрядника 2, портал 6 с подвесным изолятором 7, на его траверсе демпферная конструкция 8, выполненная тросом, пропущенного через ролики 9. При этом один конец троса закреплен к монтажному узлу 1 под нижним фланцем разрядника 2, а к другому концу подвешен груз 10.

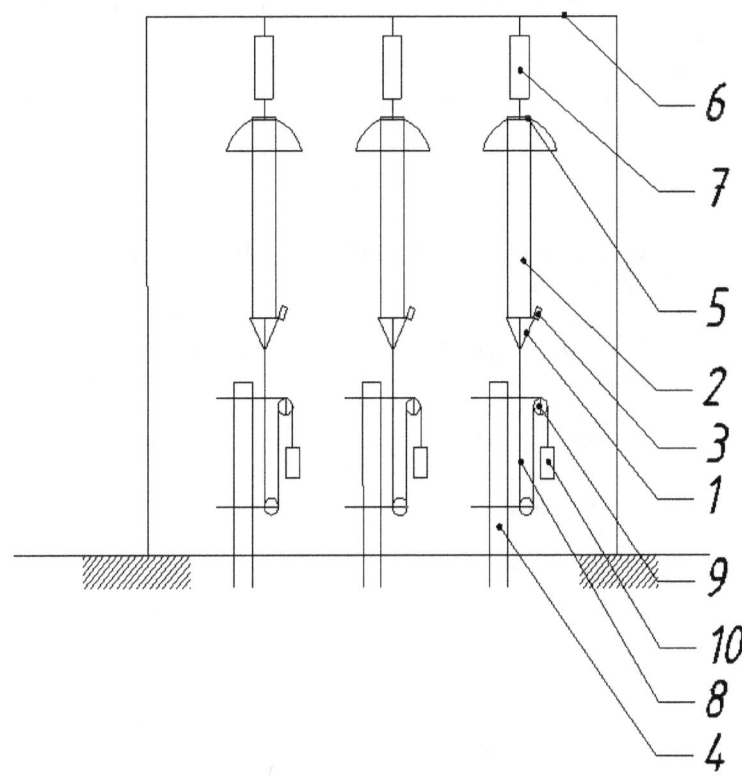

Рис.1 Устройство сейсмоустойчивой установки разрядника.

Техническое решение достигается тем, что устройство дополняется вторым монтажным узлом 5 на верхнем фланце разрядника 2, и порталом 6 с подвесным изолятором 7 на его траверсе, при этом разрядник 2 подвешивается посредством второго монтажного узла 5 к упомянутому подвесному изолятору 7, а монтажный узел 1 под нижним фланцем закреплен к стойке-фундаменту 4 дополнительной демпферной конструкцией 8.

Демпферная конструкция 8 может быть выполнена как на примере троса, так и на примере амортизационной пружины.

Предлагаемое устройство реализует поставленную цель следующим образом:

При землетрясениях портал 6 воспринимает колебания. За счет шарнирного закрепления подвесного изолятора 7 к порталу 6 и изолятора 7 к разряднику 2 эти колебания передаются к разряднику 2 затухающими, при значительных колебаниях нижнего конца разрядника 2 демпферной конструкцией 8. Разрядник 2 не разрушается и устойчиво восстанавливается в вертикальной оси.

Дополнительный эффект предлагаемого решения состоит в том, что при значительных ветровых напорах разрядник 2 сохраняется в рабочем состоянии, когда прототип чреват разрушению.

Литература

1. Типовой проект № 407-0-166.85 ОРУ-110 кВ на унифицированных конструкциях. Листы 34…37.
2. Трансформаторы. Перенапряжение и координация изоляции. Переводы докладов Международной конференции по большим электрическим системам (СИГРЭ-84) М.: Энергоиздат,. 1986, С. 72-83. Ст. Анализ сейсмостойкости вводов трансформаторов.
3. Руководящие указания « О проектировании электрической части подстанций, расположенных в сейсмических районах". Инв. № 8099. ТМ-Т1 ВГПИИ «НИИ» Энергосетьпроект" ГПИО Энергопроект Минэнерго СССР. М. ; 1989.

Мироманова Е.В., Геллер Л.Н., Охремчук Л.В.

Мироманова Елена Викторовна – интерн по специальности «Управление и экономика фармации» фармацевтического факультета ИГМУ, evm91@mail.ru

Геллер Лев Николаевич – заведующий кафедрой управление и экономика фармации, доктор фармацевтических наук, профессор, levng@mail.ru

Охремчук Людмила Васильевна – ассистент кафедры эндокринология и клиническая фармакология, кандидат фармацевтических наук.

МАРКЕТИНГОВЫЙ АНАЛИЗ АНТИМИКРОБНОЙ ТЕРАПИИ У ДЕТЕЙ НА АМБУЛАТОРНОМ ЭТАПЕ

Ведущее место в патологии детей занимают инфекционные болезни. По неполным данным до 70% всей регистрируемой в стране заболеваемости имеет инфекционную природу. В России ежегодно регистрируется более 64% детей, больных респираторными инфекциями и инфекциями мочевыводящих путей, более 8% больных вирусными гепатитами, от 11 до 15 %. больных так называемыми капельными инфекциями (корь, эпидемический паротит, коклюш, менингококковая инфекция и другие).

Многими экспертами состояние здоровья детей в нашей стране оценивается как не совсем удовлетворительное. Доля абсолютно здоровых детей в субъектах Российской Федерации варьирует от 4 до 10%. Успешное лечение инфекций требует своевременного проведения антимикробной терапии, успех которой во многом зависит от её рациональной организации и эффективности используемых антимикробных лекарственных препаратов (ЛП). Значение данной проблемы еще более возрастает по мере увеличения использования в амбулаторной практике пероральных антимикробных ЛП и возрастание резистентности наиболее распространенных возбудителей инфекций.

В последние годы во всем мире наблюдается рост антимикробной устойчивости основных возбудителей. Возрастающая резистентность к современным антимикробным ЛП, из-за её огромного социального значения во всех развитых странах, рассматривается как угроза национальной безопасности. Такие инфекции отличает длительность течения, необходимость госпитализации и увеличение продолжительности пребывания в стационаре, ухудшение прогноза для пациентов и увеличение объема затрат. Из-за сложившейся практики антимикробной терапии, в педиатрии ЛП часто назначаются в дозах, гораздо ниже терапевтических, что в свою очередь приводит к селекции антибиотикоустойчивых штаммов патогенов внутри популяции. Более того, широко распространившееся в последнее время практика самолечения приводит к тому, что в 95 % случаев наблюдается самостоятельное использование антимикробных ЛП, как правило, перорального применения.

В целом сложившаяся проблема рациональной антимикробной терапии в педиатрии характеризуется, как неоправданный отказ от назначения данных ЛП при ангинах и отитах, а с другой — как необоснованная фармакотерапия ЛП резервного ряда в случаях неотягощенных инфекций.

Сложившаяся ситуация послужила целью проведения маркетингового анализа организации антимикробной терапии у детей на амбулаторном этапе для разработки рационального ассортиментного портфеля антимикробных ЛП для детей.

В ходе исследования использовались следующие методы: контент-анализ, системный и региональный подходы, АВС-, VEN-анализ, фармакоэкономический метод «затраты-эффективность» (CEA), приемы статистической обработки (выборочный метод, методы расчета средних и относительных величин).

В процессе исследования было проанализировано 200 амбулаторных карт детей в возрасте от 0 до 18 лет, которым при инфекционных заболеваниях назначались антимикробные ЛП. В ходе исследования было установлено, что на амбулаторном этапе наиболее часто антимикробные ЛП назначались в связи с инфекционными заболеваниями дыхательных путей (74,6%) и инфекциями мочеполовой системы (16,3%). Анализ назначения антимикробных ЛП показал, что при инфекционных заболеваниях верхних дыхательных путей во всех возрастных группах (до 12 месяцев, от 1- 3 лет, 3-6 лет, 7-11 лет, 12-18 лет) наиболее востребованы ЛП из фармакотерапевтической группы (ФТГ) пенициллинов, макролидов и цефалоспоринов, а при инфекционных заболевания мочеполовой системы - ЛП из ФТГ пенициллинов, цефалоспоринов, оксихинолинов и нитрофуранов.

Детям в возрасте до 12 месяцев наиболее часто назначались ЛП ФТГ пенициллинов(35,5%), макролидов(33,9%); в возрасте от 1 года до 3 лет – ФТГ пенициллинов(57,7%); в возрасте от 3 до 6 лет – ФТГ пенициллинов(54,3%), макролидов(21,7%); в возрасте от 7 до 11 лет – ФТГ пенициллинов(49,6%); в возрасте от 12 до 18 лет – ФТГ пенициллинов(45,4%), другие ФТГ (полипептидные АБ, п/микроб. и п/протоз., сульфаниламиды, оксихинолины -21,3%).

В ходе исследования нами установлено, что детям до 12 месяцев из ФТГ пенициллинов наиболее часто назначались ЛП: Амоксиклав(68,2%), Аугментин(31,8%); из ФТГ цефалоспоринов ЛП: Супракс(31,6%), Зиннат(26,3%); из ФТГ макролидов ЛП: Сумамед(71,4%), Макропен(28,6%); детям от 1 года до 3 лет из ФТГ пенициллинов назначались: Флемоксин солютаб(28,9%), Амоксиклав(26,7%); из ФТГ цефалоспоринов: Цефотаксим(26,7%), Супракс(26,7%); из ФТГ макролидов: Сумамед(72,2%), Макропен(27,8%); детям от 3 до 6 лет из ФТГ пенициллинов назначались: Флемоксин солютаб(28,0%), Амоксиклав(26,0%); из ФТГ цефалоспоринов: Цефотаксим(29,4%), Зиннат(23,5%); из ФТГ макролидов: Сумамед(75,0%), Макропен(25,0%); из ФТГ другие ЛП: Бисептол(40,0%), 5-нок(40,0%); детям от 7 до 11 лет из ФТГ пенициллинов выписывались: Флемоклав солютаб(24,6%), Флемоксин солютаб(27,9%); из ФТГ цефалоспоринов: Цефтриаксон(22,7%), Зиннат(22,7%); из ФТГ макролидов: Сумамед(72,0%), Макропен(28,0%); из ФТГ другие ЛП: Биопарокс(26,7%), 5-нок(26,7%); детям от 12 до 18 лет из ФТГ пенициллинов выписывались: Флемоксин солютаб(25,0%), Амоксиклав(23,4%); из ФТГ цефалоспоринов: Цефотаксим(33,3%), Цефтриаксон(23,8%); из ФТГ макролидов: Сумамед(70,8%), Макропен(20,8%); из ФТГ другие ЛП: 5-нок(26,7%), Биопарокс(23,3%).

В процессе исследования нами также были выделены виды часто назначаемых лекарственных форм для каждой возрастной группы: детям в возрастном периоде до 12 месяцев и от 1 года до 3 лет чаще назначались суспензии (87,1%, 56,4%), от 3 до 6 лет – суспензии (39,1%) и диспергируемые таблетки (27,2%), от 7 до 11 лет и от 12 до 18 лет – таблетки (32,5%, 59,6%).

В дальнейшем для каждой возрастной группы нами установлены производители наиболее часто используемых антимикробных ЛП. Было установлено, что во всех возрастных группах лидируют антимикробные ЛП зарубежного производства (Словения, Хорватия, Великобритания и др.)

В связи с этим значительный интерес представляют полученные результаты маркетингового анализа регионального фармацевтического рынка (ФР) и позиционирование на нем рассматриваемых ЛП.

Для оценки регионального позиционирования ФТГ антимикробных ЛП при инфекционных заболеваниях у детей нами использовался коэффициент глубины ассортимента (таблица №1).

Таблица№1 Глубина ассортимента групп антимикробных ЛП

Группа ЛП	Гфакт	Гбаз	Кг,%
Амоксициллина+клавулановая кислота	8	14	57,1
Амоксициллина	9	15	60,0
Азитромицина	12	21	57,1
Цефиксима	4	7	57,1
Цефуроксима	4	15	26,7
Нитроксолина	3	4	50,0
Фуразидина	3	6	50,0

Как видно из табл. №1, глубина номенклатуры ЛП ФТГ, используемых при лечении инфекционных заболеваний у детей составляет в среднем 51,2%.

В ходе такого анализа было установлено, что на региональном ФР представлено 8 ЛП ФТГ амоксициллина с клавулановой кислотой, 9 ЛП ФТГ амоксициллина, 12 ЛП ФТГ азитромицина, по 4 ЛП ФТГ цефиксима и цефуроксима, по 3 ЛП ФТГ нитроксолина и фуразидина.

В настоящее время структура ассортимента поставляемых антимикробных ЛП включает 69,1% ЛП зарубежного производства и 30,9% - отечественного. Среди стран – производителей лидирующие позиции занимают – Словения (14,2%), Нидерланды (10,7%), Великобритания (9,3%), Хорватия (5,5%), Венгрия (4,7%) поставки из других стран составляют 24,7%

При дальнейшем изучении установлено, что на региональном ФР большинство данных ЛП представлены в виде твердых ЛФ (72,0%), из которых на долю таблеток приходится 51,6%, на диспергируемые таблетки - 6,7%, на капсулы - 13,7%. Жидкие ЛФ занимают 28,0%, среди которых до 15,4% приходится на инъекции, а 12,6% - на суспензии.

Таким образом, полученные данные позволяют охарактеризовать региональный ФР как рынок с достаточной глубиной ассортимента данных ЛП ($К_г$=51,2%) с превалированием продукции зарубежного производства.

Значительный интерес представляет полнота использования позиционируемых на региональном ФР антимикробных ЛП (таблица №2).

Таблица№2 Полнота использования ассортиментной структуры антимикробных ЛП

Группа ЛП	Пфакт	Пбаз	П,%
Амоксициллина+клавулановая кислота	5	8	62,5
Амоксициллина	5	9	55,6
Азитромицина	4	12	33,3
Цефиксима	2	4	50,0
Цефуроксима	2	4	50,0
Нитроксолина	2	3	66,7
Фуразидина	2	3	66,7

Как видно из табл. №2, полнота использования ассортиментной группы данных ЛП достигает в среднем 54,9%, что позволяет врачу учесть особенности протекания заболевания у конкретного больного.

В процессе исследования также было установлено, что врачами наиболее часто назначаются не менее 5 ЛП ФТГ амоксициллина+клавулановая кислота, 5 ЛП ФТГ амоксициллина, 4 ЛП

Фармацевтические науки

ФТГ азитромицина, по 2 ЛП ФТГ цефиксима, цефуроксима, нитроксолина и фуразидина.

В процессе исследования также осуществлен АВС – анализ основных ЛП применяемых в лечении инфекционных заболеваний у детей на амбулаторном этапе лечения, при этом была проведена оценка востребованности у врачей основных антимикробных ЛП.

Основной объем затрат (67,01%) связан с приобретением не менее двенадцати ЛП класса А: Супракс, гр-лы для суспензии 100мг/5мл, Амоксиклав, порошок для суспензии 250мг+62,5мг/5мл, Сумамед, табл.125мг, Аугментин, порошок для суспензии 400мг+57мг/5мл, Амоксиклав, табл. 500мг+125мг и т.д. Характерной особенностью данных ЛП является то, что многие из них являются ЛП ФТГ пенициллинов и относятся к ЛП первой линии лечения почти всех инфекционных заболеваний.

Группа В представлена 17-ю ЛП, удельный вес затрат на приобретение которых составил 27,64%. Остальные ЛП вошли в группу С, их общее количество составило 14 наименований. На приобретение ЛП данной группы пациентами затрачено до 5,35% объема финансовых средств.

На заключительном этапе исследования нами осуществлено обоснование и расчет стоимости фармакотерапии инфекционных заболеваний у детей на амбулаторном этапе.

Как показали результаты проведенного контент-анализа 200 амбулаторных карт, стоимость антимикробной фармакотерапии сочетанных поражений разных отделов верхних дыхательных путей (трахеит, фаринготонзиллит, ринофаринготрахеит, ринофарингит) у детей в возрасте до 12 месяцев варьирует от 32-40 руб.(схема №1- Амоксиклав, порошок для приготовления суспензии 125мг+31,25мг/5мл) до 471-84 руб.(схема №4- Зиннат, гранулы для приготовления суспензии 125мг/5мл), в возрасте от 1 года до 3 лет – от 131-46 руб.(схема №3- Амоксиклав, порошок для приготовления суспензии 250мг+62,5мг/5мл) до 325-40 руб.(схема №5- Супракс, гранулы для приготовления суспензии 100мг/5мл), в возрасте от 3до 6 лет – от 153-36 руб.(схема №2- Флемоксин солютаб, таблетки диспергируемые 250мг) до 633-30 руб.(схема №1- Сумамед, таблетки покрытые пленочной оболочкой 125мг), в возрасте от 7 до 11 лет – от 250-02 руб.(схема №3- Амоксиклав, порошок для приготовления суспензии 250мг+62,5мг/5мл) до 633-30 руб.(схема №5- Сумамед, таблетки покрытые пленочной оболочкой 125мг), в возрасте от 12 до 18 лет – от 237-16 руб.(схема №1- Флемоксин солютаб, таблетки диспергируемые 500мг) до 861-98 руб.(схема №5- Вильпрафен, таблетки покрытые пленочной оболочкой 500мг).

Стоимость антимикробной фармакотерапии пиелонефрита у детей в возрасте до 12 месяцев варьирует от 63-28 руб.(схема №2- Цефотаксим, порошок для в/в и в/м введения 1гр) до 450-50 руб.(схема №5- Супракс, гранулы для приготовления суспензии 100мг/5мл), в возрасте от 1 года до 3 лет – от 63-28 руб.(схема №1- Цефотаксим, порошок для в/в и в/м введения 1гр) до 585-70 руб.(схема №6- Супракс, гранулы для приготовления суспензии 100мг/5мл), в возрасте от 3до 6 лет – от 126-56руб.(схема №3- Цефотаксим, порошок для в/в и в/м введения 1гр) до 732-10 руб.(схема №6- Супракс, гранулы для приготовления суспензии 100мг/5мл), в возрасте от 7 до 11 лет – от 154-63 руб.(схема №5- Бисептол, таблетки 480мг) до 1171-40 руб.(схема №6- Супракс, гранулы для приготовления суспензии 100мг/5мл), в возрасте от 12 до 18 лет – от 376-04 руб.(схема №5- Аугментин, таблетки покрытые пленочной оболочкой 250мг+125мг, нитроксолин, таблетки покрытые оболочкой 50мг) до 1292-60 руб.(схема №7- Супракс, капсулы 400мг).

В целях определения эффективности используемых схем антимикробной фармакотерапии проведен расчет и определена длительность основных симптомов заболеваний с учетом степени их выраженности. Для этого нами было установлено среднее количество дней, необходимых для устранения основных симптомов заболеваний при использовании соответствующей схемы, которое и было принято за показатель эффективности фармакотерапии.

В дальнейшем с использованием фармакоэкономического метода СЕА «затраты – эффективность», нами были проведены расчеты и сопоставлены коэффициенты «стоимость/эффективность» по каждой из схем фармакотерапии.

Анализ результатов исследований эффективности и качества организации антимикробной фармакотерапии при сочетанных поражениях разных отделов верхних дыхательных путей (трахеит, фаринготонзиллит, ринофаринготрахеит, ринофарингит) у детей с позиций доказательной медицины свидетельствует о том, что на современном этапе наиболее рационально использование следующих схем проведения антимикробной фармакотерапии:

- в возрасте до 12 месяцев схема №1 Амоксиклав, порошок для приготовления суспензии 125мг+31,25мг/5мл – 1,2 мл 3 раза в день - 6 дней – 11,57 и схема №3 Аугментин, порошок для приготовления суспензии 125мг+31,25мг/5мл – 2,5 мл 3 раза в день – 6 дней – 31,44;

- в возрасте от 1 года до 3 лет схема №1 Флемоклав солютаб, таблетки диспергируемые 125мг+31,25мг – 1 таблетка 2 раза в день – 5 дней – 48,29 и схема №3 Амоксиклав, порошок для приготовления суспензии 250мг+62,5мг/5мл – 1,7 мл 3 раза в день – 7 дней – 59,75

- в возрасте от 3 до 6 лет схема №4 Аугментин, порошок для приготовления суспензии 400мг+57мг/5мл – 5мл 2 раза в день – 6 дней –

58,02 и схема №2 Флемоксин солютаб, таблетки диспергируемые 250мг – 1 таблетка 2 раза в день – 6 дней – 63,90;

- в возрасте от 7 до 11 лет схема №3 Амоксиклав, порошок для приготовления суспензии 250мг+62,5мг/5мл – 3,7мл 3 раза в день – 6 дней – 96,16 и схема №2 Флемоксин солютаб, таблетки диспергируемые 250мг – 1 таблетка 3 раза в день – 7 дней – 103,22;

- в возрасте от 12 до 18 лет схема №1 Флемоксин солютаб, таблетки диспергируемые 500мг – 1 таблетка 2 раза в день – 7 дней – 84,70 и схема №6 Аугментин, таблетки покрытые пленочной оболочкой 250мг+125мг– 1 таблетка 3 раза в день – 7 дней – 118,57.

Анализ результатов исследований эффективности и качества организации антимикробной фармакотерапии при пиелонефрите у детей с позиции доказательной медицины свидетельствует о том, что на современном этапе наиболее рационально использование следующих схем проведения антимикробной фармакотерапии:

- в возрасте до 12 месяцев схема №3 Амоксиклав, порошок для приготовления суспензии 125мг+31,25мг/5мл – 1,5 мл 3 раза в день – 12 дней – 21,50 и схема №2 Цефотаксим, порошок для в/в и в/м введения 1гр – 400мг в/м 1 раз в сутки – 7 дней – 22,60;

- в возрасте от 1 года до 3 лет схема №2 Амоксиклав, порошок для приготовления суспензии 125мг+31,25мг/5мл – 1,8 мл 3 раза в день – 12 дней – 28,48 и схема №1 Цефотаксим, порошок для в/в и в/м введения 1гр – 500мг в/м 1 раз в сутки – 7 дней – 31,64;

- в возрасте от 3 до 6 лет схема №3 Цефотаксим, порошок для в/в и в/м введения 1гр – 600мг в/м 1 раз в сутки – 7 дней – 42,19 и схема №2 Бисептол, суспензия для перорального применения 240мг/5мл – 5мл 2 раза в день – 10 дней – 48,31;

- в возрасте от 7 до 11 лет схема №3 Амоксиклав, порошок для приготовления суспензии 250мг+62,5мг/5мл – 3,8мл 3 раза в день – 6 дней, Нитроксолин, таблетки покрытые оболочкой 50мг – 1 таблетка 4 раза в сутки – 14 дней – 79,45 и схема №4 Аугментин, порошок для приготовления суспензии 400мг+57мг/5мл – 6мл 2 раза в день – 6 дней, Фурадонин, таблетки 50 мг – 1 таблетка 4 раза в сутки – 10 дней – 92,72;

- в возрасте от 12 до 18 лет схема №5 Аугментин, таблетки покрытые пленочной оболочкой 250мг+125мг– 1 таблетка 3 раза в день – 7 дней, Нитроксолин, таблетки покрытые оболочкой 50мг – 1 таблетка 4 раза в сутки – 14 дней – 94,01 и схема №1 Амоксиклав, таблетки покрытые пленочной оболочкой 500мг+125мг – 1 таблетка 2 раза в день – 7 дней, Нитроксолин, таблетки покрытые оболочкой 50мг – 1 таблетка 4 раза в сутки – 14 дней – 103,35.

Полученные данные по рациональному использованию ЛП рассмотренных ФТГ и результаты проведенного фармакоэкономического метода СЕА «затраты – эффективность» позволили обосновать и разработать рациональный ассортиментный портфель для некоторых инфекционных заболеваний у детей на амбулаторном этапе.

Таким образом, с позиции доказательной медицины, на основании проведения АВС-анализа и контент-анализа, использования результатов метода фармакоэкономического анализа "затраты/эффективность" и маркетинговой оценки регионального ФР, нами обоснован и разработан рациональный ассортиментный портфель антимикробных ЛП детям для всех возрастных групп с учетом ценовой составляющей по следующим нозологиям: сочетанные поражения разных отделов верхних дыхательных путей (трахеит, фаринготонзиллит, ринофаринготрахеит, ринофарингит) и пиелонефрит.

Литература

1. Волосовец А.П., Кривопустов С.П., Юлиш Е.И. Современные взгляды на проблему антибиотикорезистентности и ее преодоление в клинической педиатрии // Здоровье ребенка. -2007. -№ 6(9). -С.62-71.
2. Геллер Л.Н., Петров В.П. Фармакоэкономическое обоснование стоимости базисной медикаментозной терапии бронхиальной астмы у детей на амбулаторном этапе лечения // Учебно-методическое пособие - Иркутск, ИГМУ, 2007. – С.44-65.
3. Дрёмова Н.Б. Концепция маркетинговых исследований ассортимента лекарственных средств в фармацевтических организациях // Экономический вестник фармации.- 1998.- №12.-С.67-74.
4. Иванова И.Е., Куракин Д.Н. Рациональная антибактериальная терапия у детей в амбулаторных условиях. Метод. рекомендации.- Чебоксары, 2000. – 75с.
5. Коровина Н.А., Заплатников А.Л., Захарова И.Н. Антибактериальная терапия респираторных заболеваний в амбулаторной практике врача педиатра. - М.: 1998. – 63с.

Аверьянова Н.А.
доцент кафедры русского языка Волгоградского государственного технического университета, кандидат филологических наук
nataveryanova@rambler.ru

АСПЕКТУАЛЬНАЯ СИТУАЦИЯ КАК ИНСТРУМЕНТ АНАЛИЗА ХУДОЖЕСТВЕННОГО ТЕКСТА

Профессиональная компетенция преподавателя-русиста предполагает владение различными подходами к анализу художественного произведения. Одним из инструментов анализа художественного текста может служить аспектуальная ситуация (АС) – ситуативный комплекс, включающий группу преимущественно однородных по аспектуальной семантике глагольных форм [1, 151-153].

Применение понятия АС к анализу содержательно однотипных микротекстов – ситуаций описания внешности – дает возможность классифицировать способы аспектуального структурирования данного содержания.

Как показало исследование, проведенное на материале литературных портретов, извлеченных из мемуарно-биографических произведений и текстов современной художественной литературы, описание внешности персонажей представлено в ситуациях: а) временных особенностей внешности, б) итеративной, в) постоянных особенностей внешности. Каждая из ситуаций реализуется в ряде АС, в основе выделения и разграничения которых лежат частно-видовые значения (ЧВЗ) глагольных форм [2].

Наиболее широко представлена ситуация временных особенностей внешности, характеризующая актуальные реакции персонажа произведения во время конкретной ситуации общения. В аспектуальном моделировании рассматриваемой АС выделяются две группы: АС временного факта и АС временного процесса, которые реализуются в различных вариантах.

АС временного факта представлена аспектуальными ситуациями конкретного факта, актуального результата, переходными и «смешанными» АС.

Наиболее многочисленна здесь АС конкретного факта. Глагольные формы совершенного вида (СВ) выступают в конкретно-фактическом значении в аористической разновидности, которая определяется как простое сообщение о факте: *Толстой сердито тряхнул бородою (М. Горький)*. Наиболее ярко аористическое значение проявляется в контексте, в котором события прошлого последовательно сменяют друг друга: *Парецкая взмахнула наклеенными ресницами и сразу прошла к раковине, из крохотной сверкающей сумочки достала золотой тюбик, накрасила тонкие бледные губы, двумя указательными пальцами приподняла брови и внимательно посмотрела на себя в зеркало (И. Муравьева)*.

АС актуального результата передает прошедшее действие, результаты которого актуальны для более позднего временного плана [3]. АС формируется глаголами СВ, выступающими в конкретно-фактическом значении с перфектным оттенком: *Он замолчал, откинул корпус назад и уставился в лицо Антону Павловичу испытующим взглядом (М. Горький); Настасья подошла ко мне и встала руки в боки (Н. Галкина)*. Перфектное значение передает состояние, сохраняющееся некоторое время в процессе общения.

Отдельную группу составляют АС, в которых отражены переходные случаи от аористического значения к перфектному и АС с наложением этих значений («смешанные»).

Потом он встал, вытянулся так, что хрустнули кости, и глаза его устало прикрылись (М. Горький). Первая часть ситуации передает последовательный ряд событий с помощью глагольных форм, выступающих в аористическом значении. Последний глагол имеет перфектное значение.

Сулер надул губы и взволнованно заерзал (М. Горький). В этой ситуации на перфектное значение СВ накладывается аористическое, имеющее мультипликативный оттенок. Действие, передаваемое первым глаголом, не прекращается при наступлении другого действия. Наложению значений способствует и приставка второго глагола, которая передает начинательность действия. Таким образом, новое действие начинается на фоне продолжающегося состояния.

Нос у него вздрогнул, губы сложились в добрую улыбку, и он неожиданно добавил... (М. Горький). В этом случае перфектное значение не накладывается на аористическое (действие слишком кратковременно), а передает действие или начинающееся вместе с предшествующим, или следующее сразу за ним.

Он отступил, насупился, топнул ногой, надвинул на брови шапку, забил в бубен, закружился, заскакал в пляске: вскрикивая то ли слова, то ли слоги, то ли заклинания, равно непонятные нам (Н. Галкина). Дважды перфектное значение глагола сменяет аористическое, затем следует цепочка аористических значений глаголов СВ.

Аспектуальная ситуация временного процесса представлена АС конкретного процесса, процессно-мультипликативной и АС переходными и «смешанными».

В АС конкретного процесса глагольные формы несовершенного вида (НСВ) выступают в прошедшем и настоящем времени в конкретно-процессном значении, которое является одним из основных значений глаголов НСВ. Глагольные формы передают конкретное единичное действие, протекающее на наших глазах. *Он шагал по комнате длинными шагами, веселый, шутливый... и в глазах его светилась мягкая радость (М. Горький); Она протянула ко мне исхудавшую золотисто-шафрановую ручку, звон браслетов, – и осторожно провела пальцами по складочке рукава моего видавшего виды пиджака ...(Н. Галкина)*.

Контекстуальные показатели, взаимодействуя с глагольными формами, дифференцируют и уточняют общее значение глагольных форм.

Пришлось мне с одним из «прямодушных» русских людей возвращаться из Ясной Поляны в Москву, так он долго отдышаться не мог, все улыбался жалобно и растерянно твердил... (М. Горький). Местоимение *всё* здесь указывает на продолжительность действия. *Все лихорадочнее горели его глаза, суше звучал кашель (М. Горький).* В этом примере *всё* передает нарастание, усиление действия, это впечатление поддерживается с помощью прилагательных, употребленных в сравнительной степени.

Ты вот споришь со мной и сердишься до того, что нос у тебя синеет, а не бьешь меня, даже не ругаешь (М. Горький). Спор явно предшествовал моменту речи, но он еще не осознается как прошлое. Глагольная форма передает восприятие внешности в момент речи. Частица *вот* актуализирует описание, конкретизируя ситуацию.

Процессно-мультипликативная АС представлена глагольными формами, выступающими в конкретно-процессном и переходном от конкретно-процессного к неограниченно-кратному значениях. Особенностью рассматриваемой ситуации является то, что конкретный процесс складывается из нескольких однородных актов: *Он начал плясать лезгинку, искоса и весело поглядывая на хозяина, который в такт притоптывал своим мягким сапогом и хлопал в ладоши (И. Муравьева). Когда она плясала, он, сидя за столом, пил вино и краем глаза посматривал на нее, морщился (М. Горький).* В последнем примере придаточное предложение времени ограничивает рамки процесса. Глагольные формы передают многоактность действия. В одном из них (*посматривал*) это достигается с помощью словообразовательных средств – приставки *по-* и суффикса *-ива-*, в другом (*морщился*) многоактность содержится в семантике глагола НСВ.

Глагольные формы в процессно-мультипликативной АС выступают в основном в прошедшем времени, но есть случаи употребления глагольных форм и в настоящем: *У него небольшой рот и яркие губы; красивые брови вздрагивают, и тонкие пальцы – тоже, он перебирает ими редкую, но длинную бороду, дергая ее книзу... (М. Горький).*

«Смешанные» АС в рамках АС временного процесса: *Читая, он побледнел до того, что даже уши стали серыми. Он размахивал руками не в ритм стихов, но это так и следовало, ритм их был неуловим, тяжесть каменных слов капризно разновесна (М. Горький).* В целом ситуация относится к АС конкретного процесса. Деепричастие ограничивает процесс протекания действия. Глагольные формы, выступающие в конкретно-фактическом значении с перфектным оттенком (*побледнел, стали серыми*) и конкретно-процессном значении (*размахивал*) выражают эмоциональное состояние разными способами. В рамках АС конкретного процесса выделяется процессно-мультипликативная АС.

В описании внешности широко представлены АС, в которых деепричастия выступают не только в качестве уточняющих контекстуальных показателей, но и самостоятельно характеризуют ту или иную особенность поведения. Эти АС также относятся к «смешанным» АС временного процесса. *Он поднял мохнатые брови лешего, внимательно посмотрел, подумал... И вдруг как будто рассердился, заговорил недовольно, строго, постукивая пальцем по колену (М. Горький).* Первая часть ситуации, представляющая собой сменяющийся ряд событий, передается глагольными формами в аористическом значении. Глагол, выступающий первым в этом ряду, тяготеет к перфектному значению, но, не выделенный паузой, он вместе со следующими за ним глаголами образует «цепь», которой характеризуется аористическое значение. Вторая часть ситуации – следствие первой – передается глагольной формой в перфектном значении, наречия, деепричастный оборот детализируют проявление состояния.

В рамках АС конкретного процесса в аспектуальной ситуации одно ЧВЗ может сменяться другим, между ЧВЗ может устанавливаться тесная взаимосвязь. В этом случае образуются переходные АС: *Опухшие ноги его были обвязаны влажными тряпками, кожа на них лопалась, сочилась водою, он полулежал на койке, едва двигая руками, его синеватое, отечное лицо уже казалось мертвым, но на нем упрямо, неугасимо горели глаза аскета и святого (М. Горький).* Аспектуальная ситуация, характеризующая долгую, тяжелую болезнь, является переходной от конкретной к постоянной.

Особенностью итеративной ситуации является то, что ЧВЗ передают обычные, повторяющиеся особенности поведения, внешности. В зависимости от того, актуализируется ли передаваемое сообщение в конкретное время, т. е. действие происходит и всегда, и сейчас, или лишь указывается на его повторяемость, обычность в итеративной ситуации выделяются две аспектуальные ситуации: АС актуального повторения («сейчас и всегда»), АС неактуального повторения («всегда, но не сейчас»). Активную роль играет окружающий глагольную форму контекст. Лексические средства (*почти всегда, порою, иногда* и под.) подчеркивают повторяемость действия, «помогают» глаголу наиболее ярко и точно передать рассматриваемое значение.

В аспектуальной ситуации актуального повторения глагольные формы выступают в основном в переходных значениях от конкретно-процессного к постоянно-непрерывному и неограниченно-кратному. В зависимости от контекста в ситуации актуального повторения выделяются АС больше тяготеющие к моменту повествования, в них актуализируется момент «сейчас». Эти ситуации имеют оттенок наглядности. *Он долго говорил на геростратову тему и, – как всегда, когда он сталкивался с такими мыслями, – говорил интересно, возбужденно, подхлестывая фантазию свою острейшими парадоксами. В такие минуты его грубовато красивое, но холодное лицо становится тоньше, одухотвореннеŭ, и темные глаза, в которых у него нескрываемо блестит страх перед чем-то, – в такие минуты горят дерзко, красиво и гордо (М. Горький).* В АС и тесная связь с моментом повествования, и постоянная (когда он «сталкивался с такими мыслями») характеристика внешности. Воспоминание о конкретном эпизоде ведется в прошедшем времени, однако о преображающейся внешности героя очерка М. Горький пишет в настоящем, выделяя ее из общего повествования. К такому приему автор прибегает довольно часто, что исключает монотонность повествования, создает своеобразную структуру произведения.

Говоря это, он улыбался торжественно, – у него является иногда такая широкая, спокойная улыбка человека, который преодолел нечто крайне трудное или которого давно грызла острая боль, и вдруг – нет ее (М. Горький). АС, с одной стороны, непосредственно связана с моментом описываемых событий, на что указывает лексический показатель *говоря это,* с другой стороны, мы видим, что эта ситуация не единична, повторяется время от времени, что подтверждает другой лексический показатель *иногда.*

Выделяются также ситуации, которые звучат как вывод, носят обобщенный характер. Они больше тяготеют к моменту «всегда»: *Политику он не любил, морщился, вспоминая о ней, как о безобразии, которое мешает людям жить, портит им мозг, отталкивает от настоящего дела (М. Горький).* Ситуация отражает определенную деталь портрета. Действие, о котором идет речь, происходит в момент повествования, но оно повторяется каждый раз при воспоминании о политике.

АС неактуального повторения. Повторяемость действий здесь также подчеркивается лексическими показателями (*не раз, нередко, часто* и др.). Глагольные формы НСВ выступают преимущественно в неограниченно-кратном значении и переходном от неограниченно-кратного к постоянно-непрерывному: *В его серых, грустных глазах почти всегда мягко искрилась тонкая насмешка, но порою эти глаза становились холодны, остры и жестки (М. Горький).*

Тейтель сам был пламенным полемистом и, случалось, даже топал ногами на совопросника. Красный весь, седые курчавые волосы яростно дыбятся, белые усы грозно ощетинились, даже пуговицы на мундире шевелятся. Но это никого не пугало, потому что прекрасные глаза Якова Львовича сияли веселой и любовной улыбкой (М. Горький). В целом повторяющаяся ситуация (очевидно Тейтель выглядел так при каждом споре) объединяет процессно-мультипликативную (*топал ногами*) и конкретно-процессную. Однако в передаче самой внешности большое значение имеют прилагательные и наречия в сочетании с глагольными формами НСВ и СВ: *красный весь, седые курчавые волосы яростно дыбятся, грозные усы ощетинились.* Употребление глагольных форм в рассматриваемой АС в настоящем времени как бы вычленяет, выделяет описание внешности из окружающего контекста. За счет этого внешность приобретает еще большую «суровость».

Ситуация постоянных особенностей внешности реализуется в двух АС: АС постоянного состояния и АС постоянного состояния как результата предшествующего действия.

АС постоянного состояния представляет собой характеристику неизменяющихся особенностей внешности, или особенностей внешности, ставших постоянными. Эта ситуация формируется глагольными формами НСВ, выступающими в постоянно-непрерывном значении. *Особенно хороши были ее темные глаза, окрыленные густыми бровями; они как будто взлетали вверх, смелым взмахом (М. Горький).*

Следующий пример представляет собой переходную АС, в которой значение глагольной формы колеблется между конкретно-процессным и постоянно-непрерывным: *Его опухшее лицо в седых волосах густо расписано багровыми жилками, мокрые, мутные глаза смотрят печально, устало (М. Горький).* Такие ситуации, с самыми разнообразными переходными значениями, представлены в собранном материале в довольно широком диапазоне.

АС постоянного состояния как результата предшествующего действия. В этой АС перфектное значение СВ, как правило, комбинируется с постоянно-непрерывным НСВ, передавая постоянную характеристику внешности, созданную временем: *От кудрявого, игрушечного мальчика остались только очень ясные глаза, да и они как будто выгорели на каком-то слишком ярком солнце. Беспокойный взгляд их скользил по лицам людей изменчиво, то вызывающе и пренебрежительно, то, вдруг, неуверенно, смущенно и недоверчиво. ...Веки опухли, белки глаз воспалены, кожа на лице и шее – серая, поблекла, как у человека, который мало бывает на воздухе и плохо спит (М. Горький).* Глагольные формы, выступающие в конкретно-фактическом значении, в перфектной разновидности, формируют ситуацию результативного состояния. Глагол НСВ *скользил* передает лихорадочную подвижность взгляда, этому способствуют синтаксическая конструкция (употребление разделительных союзов), перечисление наречий, множественное число существительных.

Чистая перфектная ситуация – ситуация результативного состояния: *Мне показалось, что он несколько поблек, потускнел. В глазах его остекленело выражение усталости и тревожной печали (М. Горький).*

В классификации ситуаций прослеживаются некоторые закономерности. Ситуация временных особенностей внешности противопоставлена ситуации постоянных особенностей внешности. Итеративная ситуация выступает в этой оппозиции как бы промежуточным звеном, актуализируя в большей степени особенности внешности то конкретные, актуальные для настоящего момента, то постоянные. Внутри ситуаций наблюдаются свои закономерности. В ситуации временных особенностей внешности противопоставлены АС временного факта и временного процесса, а внутри этих АС – ситуации конкретного факта и конкретного процесса.

АС актуально результата, выделяемая в рамках АС временного факта, связана с АС постоянного состояния как результата предшествующего действия, относящейся к ситуации постоянных особенностей внешности. Эти ситуации передают особенности внешности, актуальные для более позднего временного плана (поскольку основной характер протекания действия выражается глагольными формами в перфектном значении).

Процессно-мультипликативная АС, выделяемая в ситуации временных особенностей внешности, связана с итеративной ситуацией.

ЛИТЕРАТУРА

1. Бондарко, А. В. Принципы функциональной грамматики и вопросы аспектологии / А. В. Бондарко. – Л.: Наука, 1983. – 208 с.
2. Бондарко, А. В. Вид и время русского глагола/ А. В. Бондарко. – М.: Просвещение, 1971. – 239 с.
3. Белякова, Л. Ф. Функции форм прошедшего совершенного в целостном художественном тексте / Л. Ф. Белякова // Изучение и преподавание русского языка: Юбилейный сборник. ВолГУ.– Волгоград, 2001. – С. 280-295.

Levina O.I.
Master of Arts of the philological speciality, teacher of the chair of foreign languages of Karaganda State Medical University

THE LEXICAL DIFFERENCE IN THE NAMES OF THE MEDICAL PROFESSIONS BETWEEN THE THREE LANGUAGES: ENGLISH, ITALIAN AND GERMAN

The medicine is one of the important spheres of the life which includes the different directions such as surgery, cardiosurgery, ophthalmology, stomatology, neuralgia, oncology, etc.

According to each area of the medicine there are many various kinds of the medical professions, for instance, surgeon, cardiosurgeon, ophthalmologist, dentist, neurologist, oncologist, etc.

The medicine is a phenomenon implicating the great importance for the whole world. Therefore the different medical scientists and experts from all the countries exchange information, opinions, experience. And consequently it means that for every name of the medical professions there is a definite writing in almost all the languages.

The author of the article offers to see the difference in writing some names of the medical professions in the three languages: English, Italian and German.

Look at the following English names of the medical professions and their writing: surgeon, ophthalmologist or oculist, dentist or stomatologist, neurologist, oncologist or cancer specialist, traumatologist or traumatic surgeon, psychiatrist or psychiater or alienist and therapeutist or physician [1]. We can note that the general similarity of almost all the given medical professions is the suffix "ist" (the suffix of the names of the professions). In addition it is evident to see other characteristics such as the suffix "er" (psychiater), the suffix "ian" (physician), the suffix "on" (surgeon) and reproducing the general sense of the profession with the help of the two words (cancer specialist and traumatic surgeon) [2, 12].

Further compare their writing in Italian and German: surgeon – chirurgo – Chirurg; ophthalmologist/oculist – oftalmologo/oculista – Ophthalmologe/Oculist/Augenarzt; dentist/stomatologist – dentist/stomatologo – Dentist/Zahnarzt; neurologist – neurologo – Nervenarzt/Neurolog/Neurologe; oncologist/cancer specialist – oncologo – Onkologe; traumatologist/traumatic surgeon – traumatologo – Traumatologe/Unfallarzt; psychiatrist/psychiater/alienist – psichiatra/alienista – Psychiater; therapeutist/physician – terapeuta/medico generico/internista – Facharzt/Internist (see pic.1) [1].

English	Italian	German

surgeon	chirurgo	Chirurg
ophthalmologist oculist	oftalmologo oculista	Ophthalmologe Oculist Augenarzt
dentist stomatologist	dentist stomatologo	Dentist Zahnarzt
neurologist	neurologo	Nervenarzt Neurolog Neurologe
oncologist cancer specialist	oncologo	Onkologe
traumatologist traumatic surgeon	traumatologo	Traumatologe Unfallarzt
psychiatrist psychiater alienist	psichiatra alienista	Psychiater
therapeutist physician	terapeuta medico generico internista	Facharzt Internist

Pic.1

According to the words (the names of the medical professions) in the table it is possible to reveal some peculiarities in their writing. In the Italian medical professions the endings "o" and "a" prevail. And the presence of reproducing the general sense of the profession with the help of the two words takes place as in English (medico generico).

But in the German medical professions there are several different endings and suffixes ("e" and no endings; "ist" and "er" suffixes). And in addition we can see some words of the compound character (Augenarzt=Augen+Arzt, Zahnarzt=Zahn+Arzt, Nervenarzt=Nerven+Arzt, Unfallarzt=Unfall+Arzt, Facharzt=Fach+Arzt).

The general characteristic of many names of the medical professions in the three languages is a stem.

The main result of the fulfilled work is that in each language the definite lexical peculiarities exist which reveal the whole picture about the inner structure of a language.

Bibliography

1. ABBYY Lingvo 12 Электронный словарь, 12.0.0.356, 2006.
2. Сафонова В.В. Твой друг – английская грамматика: пособие для эффективного изучения и тренировки грамматики в средней школе: 5-7 классы / В.В. Сафонова, П.А. Зуева. – М.: Эксмо, 2013. – 208 с.

Shamsutdinova T.V.
second-year student of Karaganda State Medical University
Levina O.I.
Master of Arts of the philological speciality, teacher of the chair of foreign languages of Karaganda State Medical University

THE ENGLISH IDIOMS WITH THE ANATOMICAL TERMS AND MEDICAL DIRECTION

To master any language means the maximum possible gain of some vocabulary and grammar of the target language and training a speech practice. There is no need to say much about what there is nothing that adorns our language, making it unusual, imaginative, bright as the pertinent use of stable speed. English belongs to the languages of different synthetic and complex system of lexical-semantic resources, without learning that cannot be studied by the successful use of language in the speech. The present knowledge of English implies the ability to speak, using the characteristic of expressions - idioms. Idiom is an important means of the expressive language.

An idiom is a combination of words that has a meaning that is different from the meanings of the individual words themselves. It can have a literal meaning in one situation and a different idiomatic meaning in another situation. It is a phrase which does not always follow the normal rules of meaning and grammar.

In idiomatic expressions reflect the beliefs associated with work, life and culture of the people. They are fully disclosed national specificity of language, its identity. Thus the main purpose of idioms – giving speeches special expressiveness, unique originality, accuracy and imagery [1, 51-64].

Idioms are common in modern English. They are found everywhere. One of the environment is application medicine. Consider some of the idioms. To gild (sugar, sugarcoat, sweeten) the pill "sweeten the pill". Idiom "To come to head" first used only in medicine value "fester, mature", then it acquired a metaphorical meaning – "mature, reach the highest point, apogee and dramatically worsen." In the literal meaning of the idiom growing pains "leg pain in growing children, the cause of which is not explained, is used in medicine." The medical expression "apam in the neck" used when it comes to the bothersome person or thing. Sometimes idiom applies a form to give somebody pain in the neck "bother anybody" [2].

We can divide idioms into different groups.
Idioms associated with some parts of the body (see pic.1):

Idiom	Meaning	Example
all hands on deck	everyone must work together because they have a lot of work to do	The captain called for all hands on deck as the storm became stronger and stronger
at one's fingertips	within one's reach	I usually have my address book at my fingertips
know (someone or something) like the back/palm of one's hand	to know someone or something very well	The taxi driver knows the city like the back of his hand
rule of thumb	a basic or accepted pattern or rule	It is a rule of thumb in our company that senior managers get bigger offices
a slap on the wrist	a light punishment for doing something wrong	The young man received a slap on the wrist for his crime
elbow (someone) out of (something)	to force or pressure someone to leave an office or position	The new manager got his new position by elbowing many people out of the way.

Pic.1

There are some idioms associated with the medical and health (see pic.2):

Idiom	Meaning	Example
alive and kicking	to be well and healthy	My aunt is ninety years old and she is very much alive and kicking
black-and-blue	bruised, showing signs of having been physically harmed	My arm was black-and-blue after falling down the stairs
die a natural death	to die by disease or of old age and not by an accident or by violence	My grandfather was very old and he died a natural death
get sick	to become ill	I got sick yesterday and did not go to the movie

Pic.2

Summing all the information we conclude that the idioms with the anatomical terms and medical direction are expressions in common use.

Bibliography
1. Баранов А.Н., Добровольский Д.О. Идиоматичность и идиомы// Вопросы языкознания, №5.
2. www.idiomconnection.com

Budina M.E.
PhD student, chair of Germanic languages,
Vyatka State University of Humanities, Kirov, Russia
moonlady@mail.ru

SPELLING THE NAMES OF COLOUR REVOLUTIONS

Today the colour revolutions became the integral part of modern society, but the problem of spelling the names of these revolutions is still relevant in both languages, Russian and English. According to the recent researches [1; 2], held in various modern corpora of the languages [3; 4; 5; 6; 7], we can see that the journalists, who cover the events, connected with colour revolutions, do not have common opinion of spelling the names of modern revolutions. And the problem touches such aspects of spelling, as the use of the correct letters in the name (capital or small), the use of the quotation marks and the use of the appropriate article with the name (concerned only to English). For example, speaking about the name "orange revolution", we can find 8 versions of its spelling in Russian and 13 versions in English (see Table).

Table – variations of spelling the name "orange revolution"
in English and Russian in percentage, based on the corpora research

Spelling	English, %	Spelling	Russian, %
the Orange Revolution	44,1	"оранжевая революция"	60,36
Orange Revolution	13,54	"оранжевая" революция	20,07
the "Orange Revolution"	8,3	оранжевая революция	10,24
the "orange revolution"	6,99	"Оранжевая революция"	5,08
the orange revolution	5,24	Оранжевая революция	2,62
"Orange Revolution"	4,8	"Оранжевая" революция	1,39
"orange revolution"	4,37	оранжевая "революция"	0,16
the Orange revolution	3,93	Оранжевая Революция	0,08
orange revolution	2,62		
Orange revolution	2,18		
an Orange Revolution	2,18		
an orange revolution	1,31		
an "orange revolution"	0,44		

It should be noted that the names of colour revolutions are used in two meanings in both languages:
1) The name of the historical event;
2) As the precedential phenomenon. We can conclude that the names of colour revolutions, which historically appeared as the names of the revolutionary actions in the Ukraine, Georgia, Tunisia, etc., obtained one more meaning in Russian and English as the result of the increased interest of the world community, and, in particular, of the Russian and American ones, to the events in these countries. The name in this meaning can be called the

precedential phenomenon, which is the "ideal" situation with the concrete connotations, when in the concrete context the meaning of the colour revolution name changes and in person's perception turns into the universal "model", where only the important features are emphasized (e.g. *If Yanukovych keeps on his current course, he could very well provoke a second Orange Revolution).*

The two different meanings of the names strongly affect the names spelling, and the correct variations of the names can be determined according to it.

The spelling of colour revolutions names in Russian

1. If we speak about the historical events, we should be guided by the rules of their spelling, described in [8, 336], where the word 'революция' is written with the small letter and the name 'Оранжевая', 'Розовая', 'Тюльпановая', etc. with the capital one. The same spelling can be seen in the names of other, non-colour, revolutions (e.g. Бархатная революция, Октябрьская революция 1917 года и т.п.). Also both words in the name should be written without any quotation marks. E.g. *Об этом заявила его адвокат Эка Беселия на проходящей в Тбилиси международной конференции "Права человека на Кавказе – Права человека после Революции роз", чьи слова приводит агентство "Новости-Грузия".*

2. If we deal with the precedential phenomenon, both words should be enclosed in quotation marks to emphasize the figurative meaning of the phrase [9; 10, 227]) and should be written with the small letters – "оранжевая революция", "розовая революция", etc. E.g. *Эксперт согласен с тем, что Назарбаев приложит со своей стороны определенные усилия для того, чтобы Монголию не поразил вирус «оранжевой революции», старательно заносимый извне.*

The spelling of colour revolutions names in English

1. We can see many variations in writing, but unlike the Russian language, where there are discrepancies in letter case and quotation marks, in the English language besides the discrepancies listed above there is an ambiguity in using articles. It is generally accepted in English to write the names of wars, revolutions, rebellions and other historical events with the capital letters (e.g. the French Revolution). Also the definite article is often used with the historical references (e.g. the Iraq War, the Wars of the Roses in the UK). So the name of colour revolutions should be spelled the following way: "the Orange Revolution", "the Revolution of Roses", "the Tulip Revolution", "the Cedar Revolution", etc. E.g. *In Ukraine, the Orange Revolution prevented Viktor Yanukovych from stealing an election in 2005. In 2010, he returned, this time winning elections that most say were free and fair.*

2. The spelling of the name in the precedential meaning is the same as in Russian – both words are written with the small letter and with the quotation marks – "orange revolution", "rose revolution", "tulip revolution", etc. E.g.

Last week Mr Abashidze said a Georgian military convoy was en route to Adjar a to enact another " rose revolution " in the province.

It should be also mentioned that the term "colour revolution" is written the same in both languages – without quotation marks and from the small letters.

E.g. *Президент США отметил, что за полтора года в мире произошел ряд цветных революций, в частности, в Грузии, Украине, Ираке, Киргизии и Ливане.*

E.g. *Throughout the demonstrations, the Chinese government urged restraint on the junta but made it clear that its first priority was to prevent another color revolution.*

References:

1. Некрасова М.Э. «Оранжевая революция» как событие и как прецедентный феномен (по данным НКРЯ) // Вестник ТвГУ. Серия Филология. – 2013. – №5. – с. 251–258.

2. Будина (Некрасова) М. Э. Особенности функционирования именования «оранжевая революция» в английских предложениях // Концепт. – 2013. – № 09 (сентябрь). – ART 13188. – URL: http://e-koncept.ru/2013/13188.htm. – Гос. рег. Эл. No ФС 77-49965. – ISSN 2304-120X.

3. Davies M. (2008) The Corpus of Contemporary American English: 450 million words, 1990-present. – URL: http://corpus.byu.edu/coca.

4. Davies M. (2007) TIME Magazine Corpus: 100 million words, 1920s–2000s. – URL: http://corpus.byu.edu/time.

5. Davies M. (2013) Corpus of Global Web-Based English: 1.9 billion words from speakers in 20 countries. – URL: http://corpus2.byu.edu/glowbe.

6. British News (2004). – URL: http://corpus.leeds.ac.uk.

7. Национальный корпус русского языка (2003 – 2013). – URL: http://www.ruscorpora.ru/index.html.

8. Розенталь Д.Э. Прописная или строчная?: Словарь-справочник. Ок. 8 600 слов и словосочетаний // Отв. ред. Л. К. Чельцова. — 3-е изд., испр. и доп. — М.: Рус. яз., 1987. - 352 с.

9. Зализняк А. Семантика кавычек // Диалог. – Электрон. журн. – 2007. – №1. – URL: http://www.dialog-21.ru/dialog2007/materials/html/29.htm.

10. Розенталь Д.Э. Справочник по правописанию и литературной правке // под. ред. И.Б. Голуб. – 8-е изд., испр. и доп. – М. : Айрис-пресс, 2003. – 368 с.

Забавнова О.В.
аспирант Казанского (Приволжского) федерального университета

ЛИНГВОКУЛЬТУРОЛОГИЧЕСКИЕ РЕАЛИИ РАЗНОЭТНОСТНЫХ ЯЗЫКОВЫХ СООБЩЕСТВ В АСПЕКТЕ МЕЖКУЛЬТУРНОЙ КОММУНИКАЦИИ

Данная статья посвящена рассмотрению стереотипов культурных доминант, отражающих специфические реалии в разноэтностных картинах мира (русской, английской и татарской) и их языковой репрезентации. Ввиду возрастания роли межкультурной коммуникации и расширения международного сотрудничества в центре внимания находятся особенности взаимодействия языка и культуры, определяющие специфику речевого поведения коммуникантов межъязыкового и межкультурного общения.

Лингвистика на рубеже XX и XXI столетий оказалась одной из основных наук в системе современного научного знания о мире. Это обусловлено рядом внутренних и внешних факторов. Внутренние факторы предполагают установление антропоцентрической парадигмы, внешние - связаны с глобализацией межнациональных связей, а также с успехами в области психологии, этнографии, социологии, культурологии, когда в итоге появились смежные дисциплины – психолингвитсика, этнолингвистика, социолингвистика и лингвокультурология, особое внимание которой обращено на прагматический аспект в лингводидактике и практике межкультурного общения.

Такие разноэтностные картины мира, как русская, английская и татарская по-разному дифференцируют окружающий мир. История и культура данных картин мира отличаются друг от друга: каждая из них формирует иное сознание, а оно, в свою очередь, порождает иное членение действительности, иные концепты, которые отражают специфические культурно-исторические доминанты, несовпадение и отсутствие корреляции в вербализации концептов.

В настоящее время значительно укрепились экономические, социальные и культурные связи между Россией, Татарстаном и другими англоязычными странами, в частности, с Великобританией и США.

В Татарстане особую актуальность имеет изучение татарского и русского языков, обладающих государственным статусом и паритетно функционирующих во всех сферах общественной жизни и деятельности людей.

Россия, Татарстан, США и Великобритания – это страны и регионы со своеобразным национальным колоритом и многочисленными традициями, поэтому в целях осуществления эффективной межкультурной коммуникации необходимо иметь глубокие познания национально – культурных особенностей, традиций, менталитета и коммуникативного поведения народов, населяющих эти страны и регионы.

В последние десятилетия процесс межкультурной интеграции и коммуникации привлекает внимание специалистов различных областей знаний. Они посвящают свои исследования изучению процесса общения и тех затруднений, которые возникают у коммуникантов. Большое внимание уделяется причинам их возникновения и средствам их преодоления. Результаты многочисленных исследований иллюстрируют, что успешность межкультурной коммуникации обусловлена не только хорошим владением тем или иным языком, но и знанием культурной специфики речевого поведения, так как говорящие на разных национальных языках имеют собственное культурно-национальное представление о мире [2, 7-9; 6, 2-3].

Все это обусловило необходимость изучения и систематизации лингвокультурологической специфики речевого поведения и знания особенностей коммуникативного поведения представителей той или ной лингвокультуры.

Известно, что русский язык богат нюансами (оттенками) экспликации внутреннего мира человека, английскому языку характерны точность и краткость выражения мысли, прагматизм, рационализм, скрытность, скупость, для татарского менталитета – сдержанность в проявлении чувств и эмоций, трудолюбие.

А. Вежбицкая пишет в этой связи, что такие доминанты поведения в русской культуре, как категоричность моральных суждений, относительная неконтролируемость судьбы и чувств заложены в грамматике русского языка и определяют мировоззрение носителей языка [1, 152].

Существенными и многомерными для русской культуры считаются такие доминанты, как *душа, судьба, тоска, воля, гостеприимство, открытость, верность, миролюбие, лень, терпение, безответственность, готовность помогать ближнему* и другие; для английской – *freedom* (свобода), *privacy* (приватность), *enterprise* (предприимчивость) и другие; среди субстанций, локализованных внутри человека особое место в татарской культуре занимают душа, дух, совесть – *җан/ күңел/ йөрәк, рух, намус*, лексемы, характеризующие мир эмоций татарского народа – *сагыш, кайгы, хәсрәт, сабырлык* – тоска, горе, терпение и другие. [3, 170-180].

Данные, отражающие стереотипы культурных доминант, характерных для жителей России, Татарстана и Англии, можно представить следующим образом:

Россия: Родина, русские, щедрость, Пушкин, русский язык, береза, романс, матрешка, сказка, икра, церковь, калина, хоккей, балет, янтарь, балет и другие.

Сухоруков Д.С.
соискатель кафедры Социологии и теологии СКФУ

ХЛЫСТЫ И СКОПЦЫ КАК ВНЕЦЕРКОВНЫЕ ХРИСТИАНСКИЕ ДВИЖЕНИЯ

Средневековые неортодоксальные взгляды в русском христианстве стремились оставаться внутри православия, то есть, еретики не старались отколоться от Церкви, вместо этого предлагая ее реформу. Это говорит о том, что русский народ видит себя монолитным, в том числе благодаря православной вере, хотя некоторые и имеют собственный взгляд на ее развитие. Даже реформа Никона, вызвавшая столь крупный раскол, изначально не вела к этому. Патриарх пытался осовременить православие, старообрядцы проявляли консерватизм, но в итоге обе партии боролись за торжество русского православия в том виде, в каком они его себе представляли. В Московском Царстве менталитет уже значительно отличался от того, что был во времена Киевской Руси, не в последнюю очередь благодаря нашествию монголов, народ осознал себя единым целым перед лицом общего врага. Если в домонгольский период славяне мыслили категориями рода, то после стали представлять себя как нацию, то есть, национальная идентичность к тому времени занимала важное место в сознании русских людей. Еретики обычно не желали раскола внутри народа, даже если их взгляды не совпадали с официальным вероучением.

Для лучшего понимания этого тезиса стоит провести параллель с Западной Европой. Несмотря на привычное противопоставление России «Западу», никогда не следует забывать о том факте, что Европа состоит из множества государств, каждое из которых, хоть и было включено в католическую культуру и общеевропейскую историю, тем не менее, обладало собственной историей и традициями. Поэтому неудивителен тот факт, что во всей Европе было намного больше ересей и движений разного толка, нежели в огромном, но единственном государстве Российском. Каждый из народов, несмотря на общую католическую систему, имел собственную религиозную историю и традиции, которые оказывались заслонены диктатурой римской кафедры. Примерно то же произошло в Московском Царстве, Никон отбросил исконно русские религиозные взгляды в пользу единой православной системы. Однако на Руси практически не существовало (до старообрядцев) неортодоксальных движений, противопоставляющих свою структуру официальной Церкви. Родовые и позднее национальные связи на Руси, по всей видимости, были сильнее европейских, как и верность православию. Не менее важным фактором относительной религиозной монолитности является процесс централизации русского государства и превращения его в империю, где религия поставлена на службу светской власти, а инакомыслие строго карается как измена Отечеству. «Отмечается, что отечественная философская мысль до XVIII в. развивалась в основном в русле церковной традиции, была подчинена православной теологии...» [1, 15].

Тем не менее, в России существовали внецерковные христианские институты, проповедующие неортодоксальные взгляды. Хлысты и скопцы – опасные для их членов секты, поскольку они призывали к членовредительству, оправдывая это доктринальными взглядами. Основателем движения хлыстов считается крестьянин «Господь Саваоф Данила Филиппович», на которого, по преданию хлыстов, впоследствии назвавших себя «Христова вера», в 1645 г. сошел сам Бог-Отец (Саваоф). Позднее продолжатели его дела утверждали, что они содержат в своём теле Бога-Сына (Христа), например, как Иван Суслов. Рядовые члены секты неоднократно утверждали, что принимают в себя Святой Дух, то есть третье лицо Святой Троицы. Вероучение хлыстов имеет народные корни и, если точнее, глубоко неортодоксальные, имеющие сходство с богомильством и ранним славянским двоеверием, так, развито учение о дуализме материального и духовного мира, о семи небесах, полностью отрицается обрядовая сторона христианства, проповедуется воздержание во всех смыслах. Более точных сведений об учении хлыстов не сохранилось, поскольку они не пользовались духовной литературой. Показателен эпизод, когда Данила Филиппович выбросил Библию в море, заповедав верить Святому Духу. Но более известны хлысты не доктриной, которая, в общем, не представляет собой ничего уникального, а своими методами получения благодати, из-за которых они и получили свое название. С помощью коллективного исполнения песен, танцев и самобичевания хлысты входили в религиозный экстаз, что было осуждено православием. Ближе к середине XVIII в. многие хлысты были сосланы, а движение ослаблено, породив несколько новых, важнейшим их которых являются скопцы.

Скопничество периодически появлялось среди христианских духовных лиц, есть легенда, что сам Ориген оскопил себя, чтобы не вызывать подозрений у людей, поскольку он обучал в том числе и женщин; можно привести и другие примеры, но никогда эта операция не являлась обязательной для принятия христианства. Кондратий Селиванов, вышедший из секты хлыстов, решил сделать оскопление самым важным элементом, необходимым для спасения души. В смысле вероучительном скопцы были близки к хлыстам, что и не удивительно, если вспомнить об основателе секты. Несмотря на тот факт, что скопцы не могли увеличивать свою численность естественным путем, с помощью деторождения, это была весьма крупная секта.

Современному человеку это может показаться более чем странным, но скопцы имели определённую популярность в народе. Возможно, этому способствовало наличие харизматичных лидеров, которые умудрялись, казалось бы, совершать невозможное. Так, Селиванов объявил себя чудом спасшимся Петром III, а когда его, уже осужденного и посаженого в Шлиссельбургскую крепость, посетил сам Павел I, имел наглость беседовать с ним как с сыном. И, что интересно, император, не ужесточил меры пресечения, а Александр I вообще выпустил ересиарха на свободу, отличаясь в первые годы своего правления веротерпимостью. Сектанты вызывали сочувствие среди различных слоев населения, даже солдаты, охранявшие скопцов, и монахи Соловецкого монастыря, куда их ссылали, испытывали симпатию. Крестьяне же, среди которых в основном и распространялось это учение, обращали внимание на то, что скопцы не пьют, не имеют других вредных привычек, обычно работящи и зажиточны, поддерживают друг друга в общинном смысле. Неудивительно, что их численность росла и только по официальным оценкам в конце XIX в. достигла 110 тыс. человек. Кроме этого, как и многие другие неортодоксы, скопцы толковали Библию в соответствии со своим учением и, что не менее важно для малограмотных крестьян того времени, придумывали легенды, то есть, активно развивали устную традицию.

Можно заключить, что с централизацией власти и образованием единого Московского Царства православие получило множество чисто светских рычагов власти, которые были применены для унификации, а в перспективе – уничтожения инако- и разномыслия в русской христианской среде. В это время и начало выделяться чётко оформленное русское православие, хотя и не обязательно верно понимаемое простым неграмотным народом и не всегда образованным духовенством. Таким образом, можно сделать вывод, что именно централизация и стереотипизация доктрины ведут к образованию внецерковных ересей, но они же способствуют ее кристаллизации в эталонном виде.

Литература

1. Лагунов, А. А. Социальные концепции русской религиозной философии в контексте современности. Автореферат [Текст] / А. А. Лагунов. – Ставрополь: Издательство СевКавГТУ, 2008. – 43 с.
2. Буданов, М. А. К вопросу о влиянии еретических воззрений на христианство Древней Руси [Сайт] / М. А. Буданов // http://krotov.info/history/10/988/buda1999.html

Федорова И.И.
студентка
Сажнева С.В.
к.э.н., доцент
ФГБОУ ВПО "Северо-Кавказский федеральный университет",
кафедра Экономики и технологии управления

ПРИМЕНЕНИЕ 25-ГО КАДРА В МАРКЕТИНГОВЫХ КОММУНИКАЦИЯХ: «ЗА» И «ПРОТИВ»

В статье рассматриваются противоположные точки зрения на возможность и необходимость применения «эффекта 25 кадра» в продвижении товаров и услуг в современных условиях.

The article deals with opposing views on the possibility and necessity of the "effect of the frame 25" in the promotion of goods and services in the modern world.

Наступивший XXI век внес существенные коррективы в экономику России и других государств. Постоянно усиливающаяся конкуренция и насыщение рынка товарами побуждают производителей на всевозможные меры, способствующие увеличению сбыта продукции и услуг.

Традиционная реклама теперь носит спорный характер: некоторые люди еще попадаются на уловки рекламодателей, но и растет число тех, которые видят в ней лишь навязчивую и агрессивную методику продвижения товаров. В этом случае, встает необходимость применения таких приемов, наличие которых было бы незамечено потребителями. Одним из таких приемов является «эффект 25 кадра», применение которого в российском законодательстве, равно как и других методов скрытой рекламы, запрещено [1]. Но из-за так называемого «правового нигилизма» в нашей стране, его применение все же имеет место быть.

Многие задаются вопросом, существует ли на самом деле так называемый 25 кадр. Учеными доказано, что для восприятия видео необходимо минимум 24 кадра, так как это является оптимальным вариантом, потому что при меньшем количестве, у зрителя может пропасть ощущение непрерывности движения, а при большем – бессмысленно повышается расход пленки. Время показа 25 кадра 1/25, что составляет 0.08 секунд. Отсюда следует, что 0.08-0.12секунд – наиболее эффективная длительность кадра для воздействия на подсознание человека. Суть 25 в том, что этот «лишний» кадр не успевает отложиться в сознании, но мы его видим, подсознание улавливает, и где-то в глубинах нашего восприятия реклама побуждает наше сознание к определенным действиям.

В 1957 году известный специалист в области социальной психологии Джеймс Вайкери провел свои опыты в кинотеатре города Нью-Джерси (США). С помощью второго проекционного аппарата Вайкери во время показа фильмов проецировал на экран слова «Кока-кола» и «Ешьте поп-корн». Эти слова отображались на 1/3000 долю секунды, и предполагалось, что человеческий глаз неспособен это заметить. Но как показал опыт, за время испытаний объем продаж указываемых продуктов значительно возрос. Однако со временем в публикациях независимых исследований возникли сомнения о достоверности сведений. Это было обосновано, опыт Вайкери оказался умелой фальсификацией, а репутация 25 кадра была испорчена [2].

Голландские ученые доказали, что 25 кадр эффективен в маркетинге и может помочь в продвижении определенного товара. Под руководством Йохана Карреманса, группа ученых университета Неймегена провели работу, подтверждающую эффективность сублимированного воздействия на человека [3].

После ряда случаев влияния на людей 25 кадра, по заказам обеспокоенного Министерства РФ по делам печати, телерадиовещания и средств массовой информации, был разработан ОДСВ (опытный детектор скрытых вставок), созданный специалистами Всероссийского научно-исследовательского института телевидения и радиовещания (ВНИИТР).

Исследователи выбрали для наблюдения один из известных каналов. Шла развлекательная программа – детектор не подавал никаких сигналов, свидетельствующих о наличии в ней скрытой вставки. Но когда начался рекламный блок – детектор среагировал. Промотав картинку назад, на момент срабатывания ОДСВ, исследователи обнаружили, что это был даже не кадр, а полкадра. На белом фоне хорошо просматривалась зубная щетка известной фирмы. Следовательно, вставляя дополнительный кадр, мы его видим, но не успеваем запомнить и проанализировать.

В опровержение данному исследованию был поставлен опыт, проводимый в лаборатории моделирования рекламы. Исследователи создали цифровой видеоклип, содержащий помимо обычного видеоряда дискретную последовательность кадров со словом «Беги!». В клипе использовался формат RAL и скорость 25 кадров в секунду. Все это было смонтировано в видеомонтаже Adobe Rremiere [4]. В результате, вставки со словом были весьма заметны и хорошо читаемы. Все попытки сделать текстовую информацию более «скрытной» были бесполезны.

Вроде бы все обоснованно и верно, но воспроизведение 25 кадра мы считаем невозможным при просмотре на компьютере. Алгоритмы сжатия MPEG вырезают этот кадр и тем самым количество кадров в секунду уменьшается. Таким образом, мы придерживаемся мнения о существовании эффекта 25 кадра, применяемого в качестве эффективного воздействия на подсознание людей.

25 кадр действует на всех по-разному, в силу различных индивидуальных особенностей и психологического состояния людей. Это как своего рода гипноз. Работа человеческого мозга, как и подсознания в частности, никем до конца не изучена и вряд ли будет в скором времени. Из-за этого существует множество противоречивых мнений о существовании и эффективности 25 кадра. И так как это метод, воспринимающийся на подсознательном уровне, имеются некие сложности его изучения.

Несмотря на биполярные мнения, относительно 25-го кадра, полагаем, что он может применяться в рекламных целях достаточно успешно. С помощью этого эффекта можно в значительной мере оторваться от конкурентов, предложив новую товарную доминанту.

Литература

1. Российская Федерация. Федеральный закон РФ «О рекламе» №38-ФЗ от 13.03.2006 [Электронный ресурс]. - URL: http://zakonprost.ru/zakony/o-reklame/
2. Станислав Сикорский 25 кадр [Электронный ресурс]. Общественно-политический журнал «Планета» - URL: http://www.planeta.by/article/416
3. 25 кадр все-таки воздействует на подсознание [Электронный ресурс]. - URL: http://www.advertology.ru/article 28301.htm
4. Вотяков, Е. Некоторые результаты исследования вопроса об эффекте «25-го кадра» [Электронный ресурс]. Вестник КрасГАЗА, вып.7, 2004. - URL: http://www.ujack.narod.ru/25frame.htm

Яцына В.В.
аспирантка Национального Технического Университета
«Харьковский Политехнический Институт»

ПЛАНИРОВАНИЕ ТРАНСАКЦИОННЫХ ИЗДЕРЖЕК ПРОМЫШЛЕННОГО ПРЕДПРИЯТИЯ

Одним из наиболее действенных методов оптимизации трансакционных издержек (ТИ) является их планирование. Оно позволяет регулировать величину издержек на протяжении всего производственного процесса и удерживать их количество в пределах оптимального уровня. При планировании ТИ производства продукции необходимо определить максимально возможную их величину при данных условиях производства и определить норматив для внесения его в плановую смету общих ТИ. Это позволит в будущем проводить постоянный мониторинг фактических ТИ и величину их отклонений от норматива.

Проблемами оптимизации и планирования ТИ занимаются многие исследователи, в частности, О.В. Шепеленко, О.Ю. Кудрина, О.В. Красильникова, Н.Н. Волосникова, Н. Румянцев и М. Медведева и другие. Методическим инструментарием ученых чаще всего выступает использование аппарата линейного программирования. Но на сегодняшний день отсутствует единая методика определения оптимального уровня ТИ вследствие довольно различных сфер возникновения и проявления последних.

В качестве математического инструментария решения поставленной задачи предлагаем применить игровой подход. Как известно, в теории игр рассматриваются процессы экономического характера, где необходимо определить лучшее решение для поведения участников при столкновении интересов различных групп [1,3]. При планировании ТИ предприятие стремится достичь определенной цели, а именно, найти то количество затрат, позволяющее получить наибольшую прибыль. Таким образом, можно сформулировать две основные цели предприятия: во-первых, достичь максимально возможного уровня прибыли, а, во-вторых, добиться оптимального размера издержек, в том числе и трансакционных. Следовательно, мы имеем двух участников игры, например, владельца (принципала) и менеджера (агента) предприятия, преследующих свои цели. Наличие разных, но не противоположных интересов двух игроков дает возможность рассматривать возникшую игровую ситуацию как бескоалиционную иерархическую биматричную игру. Целью игры является нахождение оптимальных стратегий для агента и принципала, приводящих к эффективному результату. На наш взгляд, заслуживает особого внимания модель минимизации ТИ, разработанная Н. Румянцевым и М. Медведевой [2]. Но для ее внедрения в качестве методического инструментария планирования ТИ на промышленные предприятия, на наш взгляд, необходимо провести ряд мер по усовершенствованию данной модели.

Во-первых, требуется скорректировать цели предприятия. Дело в том, что, в отличие от других субъектов хозяйствования, производственная деятельность промышленных предприятий обладает отличительными особенностями, и чаще всего, плановый объем продукции является неизменной величиной, заданной в рамках заключенных контрактов на производство продукции сроком, как правило, не меньше года. Другое дело прибыль. Целью каждого предприятия является ее максимизация. В условиях постоянного объема производства единственным способом достижения этой цели будет оптимизация расходов, прежде всего, трансакционных. Поэтому предлагаем в качестве целей предприятия для составления биматричной игры агента и принципала использовать максимизацию прибыли и оптимизацию расходов.

Во-вторых, при планировании ТИ промышленных предприятий принципиальным является составления такого норматива, который обеспечивал бы желательный уровень рентабельности изделий, т.е., получение прибыли, оправдывающей эти расходы. С этой целью для решения биматричной игры вместо показателя эффективности использования предприятием ресурсов возникает необходимость применить показатель рентабельности изделий.

В-третьих, плановый размер ТИ необходимо устанавливать не по заказам, а по видам производимой продукции. Это предоставит возможность мониторинга размеров ТИ для принятия решения относительно способа организации производственного процесса (аутсорсинг или инсорсинг).

Чаще всего на промышленных предприятиях показатель рентабельности является плановой величиной, и задается каждым предприятием, исходя из собственных соображений. Размер трансформационных затрат также величина известная, задаваемая в начале процесса производства. Следовательно, неизвестной величиной остается только размер ТИ, который необходимо рассчитать. Говоря иными словами, ТИ – это искомые переменные, которые нужно определить в процессе реализации биматричной игры.

Стратегии принципала и агента необходимо представить в виде двух платежных диагональных матриц, имеющих ненулевые элементы только на своей диагонали, т.е., результативность выигрыша при других вариантах выбора обнуляет ценность для обоих участников игры. В стратегиях агента размещаются искомые параметры, которые нам нужно определить – ТИ изготовления и реализации каждого вида продукции за год. Оптимальное решение можно получить путем чередования чистых стратегий случайным образом, т.е. используя смешанную стратегию –

вероятностный вектор $p = (p_1, ..., p_k)$, удовлетворяющий следующему условию [3]:

$$\sum_{i=1}^{k} p_i = 1, p_i \geq 0, i = 1, ..., k. \qquad (1)$$

где, $i = 1, ..., k$ – виды производимой продукции.

Заданием смешанной стратегии игрока является определение вероятностей выбора его начальных стратегий. Выигрыш, отвечающий оптимальному решению, называется ценой игры. Наша задача состоит в достижении минимального уровня трансформационных и трансакционных издержек для получения ожидаемой прибыли. В этом случае оптимальная смешанная стратегия агента находится как решение задачи принципала (по аналогии с [2, 99]):

$$V_1 = \frac{1}{\sum_{i=1}^{k} \frac{1}{\Pi_i}}, \qquad (2)$$

де, V_i – цена биматричной игры.

Цена биматричной игры дает возможность получить размер гарантированной прибыли предприятия от производства всех изделий, а также, на основании нахождения вероятности применения агентом своих смешанных стратегий, получить сумму денежных затрат на осуществление трансакций соглашений предприятия (т.е., трансакционных расходов).

Решение биматричной игры позволяет получить значение оптимальной прибыли *П* от изготовления и реализации годового выпуска продукции (3) и оптимальных общих затрат *З* годового выпуска изделий, включающих в себя трансформационные *ТФ* и трансакционные *ТИ* издержки (4):

$$\Pi = \sum_{i=1}^{k} \Pi_i \times p_i. \qquad (3)$$

$$З = \sum_{i=1}^{k} (ТФ + ТИ)_i \times p_i. \qquad (4)$$

Рентабельность изделий *Р* определяется соотношением прибыли к общим издержкам на производство:

$$P = \frac{\sum_{i=1}^{k} П_i \times p_i}{\sum_{i=1}^{k}(ТФ + ТИ)_i \times p_i}. \quad (5)$$

Искомые общие ТИ годового выпуска продукции составляют:

$$ТИ = \sum_{i=1}^{k} ТИ_i \times p_i = \frac{1}{P} \times \sum_{i=1}^{k} П_i \times p_i - \sum_{i=1}^{k} ТФ_i \times p_i. \quad (6)$$

На основании (6) можно рассчитать, что ТИ годового выпуска продукции определяются следующим образом:

$$ТИ_i = ТИ \times p_i. \quad (7)$$

Следовательно, определив вероятности p_i, являющиеся значениями биматричной игры, и задавая нормативы рентабельности и ожидаемой прибыли, можно найти оптимальное значение общих ТИ годового выпуска продукции, а также их распределение по каждой номенклатурной группе. Это дает возможность получить плановое значение ТИ, обеспечивающих необходимый уровень рентабельности производства и реализации продукции.

Предложенная методика планирования ТИ позволяет получить их нормативное значение, которого должно придерживаться предприятие для обеспечения плановой рентабельности изделий, а также для эффективности производства каждого товара собственными средствами. На основании планирования ТИ появляется возможность их оптимизации вследствие превышения норматива. Чаще всего, задачу оптимизации ТИ решают с помощью средств линейного программирования. В ином случае, т.е., когда размер ТИ не превышает допустимое значение, он уже считается оптимальным по заданным параметрам, и уровень ТИ обеспечивает ожидаемый (или запланированный) размер прибыли.

Литература

1. Крушевский А. В. Теория игр / А.В.Крушевский // – К.: Издательское объединение «Вища школа», 1977.– 216 с.
2. М. Румянцев, М. Медведева / М. Румянцев, М. Медведева // Модель мінімізації трансакційних витрат // Вісник ТНЕУ. – 2011. – № 2. – С. 96 -101.
3. Попова Н.В. Математические методы / Н.В.Попова // [Электронный ресурс]. – Режим доступа: http: //ecsocman.edu.ru/db/msg/110004, 2004.

Волосникова Н.Н.
доцент, канд. экон. наук
Национальный технический университет «Харьковский политехнический институт»

ФОРМИРОВАНИЕ СИСТЕМНОГО ПОДХОДА УПРАВЛЕНИЯ ФИНАНСОВЫМИ ПОТОКАМИ ИНТЕГРИРОВАННОЙ ЛОГИСТИЗАЦИИ ПРОЦЕССОВ НА ПРЕДПРИЯТИЯХ

Оптимизация управления материальными потоками как ключевым аспектом логистической деятельности достигается путем привлечения и распределения финансовых ресурсов, которые реализуются в финансовых потоках интегрированной логистизации процессов (ИЛП) на предприятиях. В настоящее время при подготовке, организации и управлении логистическими процессами важно соблюдать ряд требований к таким параметрам финансовых потоков, как достаточность, экономичность и надежность. Особенно актуальным является требование согласованности материальных, финансовых, информационных и других видов ресурсных потоков ИЛП на предприятиях. Для обеспечения соответствия перечисленным требованиям необходимо развитие научных разработок по составлению рациональных схем движения финансовых потоков интегрированной логистизации процессов на предприятиях, механизма оперативных корректирующих воздействий на потоки, обладающих гибкостью и учитывающих изменения в экономической среде.

Широкий круг вопросов и способов их решения, связанных с исследованием общих проблем финансовых ресурсов в условиях рыночной трансформации, нашли отображение в научных работах многих ученых, а именно Л. Бернстайна, И. Бланка, В. Бочарова, Е. Бригхема, В. Верви, А. Ефимовой, В. Ковалева, М. Литвина, М. Романовского, Г. Салтыковой, Д. Сигела, А. Сорокиной, К. Стояновой, Э. Хелферта, А. Шеремета, Д. Шима и других ученых.

Проблемы логистической деятельности в условиях рыночной и трансформационной экономики широко исследуются как украинскими, российскими так и зарубежными учеными, среди которых можно назвать В. Амитана, Л. Балабанова, М. Доронина, Е. Крикавского, Г. Ларина, В. Николайчука, А. Тридид, Н. Чухрай, А. Шубина, Б. Аникина, А. Гаджинского, Л. Миротина, А. Семененко, В. Сергеева, Д. Бауэрсокса, Дж. Бушера, Д. Клосса, Дж. Хескетта и др.

Однако, несмотря на возросший интерес к проблемам, ощущается серьезный недостаток систематического описания состава, структуры и функционирования финансовых потоков в реальных логистических системах. Практически отсутствуют научные разработки по управлению финансовыми потоками ИЛП на предприятиях. Необходимостью разработки и применения теоретических положений управления финансовыми потоками ИЛП на предприятиях объясняется актуальность темы статьи.

Целью статьи является исследование вопросов управления финансовыми потоками интегрированной логистизации процессов на предприятиях. Теоретическую и методологическую базу исследования составляют фундаментальные положения современной экономической теории, научные труды и методические разработки ведущих ученых в области логистики.

Цели финансовой стратегии интегрированной логистизации процессов на предприятиях должны подчиняться общей стратегии экономического развития логистической системы и быть направлены на максимизацию прибыли. При разработке финансовой стратегии интегрированной логистизации процессов на предприятиях следует учитывать динамику макроэкономических процессов, тенденции развития отечественных финансовых рынков, возможности диверсификации деятельности логистической системы и изменения в институциональной среде.

Для достижения наилучших результатов формирования финансовой стратегии интегрированной логистизации процессов на предприятиях необходимо детализировать и конкретизировать функции субъекта управления, разделив их на два аспекта управленческой деятельности: во-первых, учитывающий процесс формирования и, во-вторых, учитывающий процесс использования финансовых ресурсов интегрированной логистизации процессов предприятия. Функции субъекта управления финансовыми ресурсами интегрированной логистизации процессов предприятия представлены на рис. 1.

Задачами финансовой стратегии интегрированной логистизации процессов на предприятиях являются [1; 2]:
• нахождение способов проведения успешной финансовой стратегии интегрированной логистизации процессов на предприятиях;
• определение перспективных финансовых трансакций с субъектами хозяйствования и другими институтами;
• финансовое обеспечение операционной деятельности интегрированной логистизации процессов на предприятиях;
• разработка и осуществление мероприятий по обеспечению финансовой устойчивости интегрированной логистизации процессов на предприятиях;
• разработка способов выхода из кризисного состояния и методов управления при таком положении логистической системы предприятия.

Рис. 1. – Функции субъекта управления финансовыми ресурсами интегрированной логистизации процессов предприятия (разработано автором на основе [3, 119])

Финансовая стратегия ИЛП на предприятиях обеспечивает формирование и эффективное использование финансовых ресурсов ИЛП на предприятиях, соответствие финансовых действий экономическому состоянию и материальным возможностям логистической системы предприятия, правильный выбор направлений финансовых действий и маневрирования логистической системой предприятия для достижения решающего преимущества.

Литература:

1. Семенов А.Г. Фінансова стратегія в управлінні підприємствами: монографія / А.Г. Семенов. – Запоріжжя: Класичний приватний університет, 2008. – 156 с.

2. Финансовое управление фирмой / В.И. Терехин, С.В. Моисеев, Д.В. Терехин, С.Н. Циганков; под ред. В.И. Терехин. – М.: Экономика, 1998. – 350 с.

3. Механізми підвищення конкурентного потенціалу промислових підприємств: монографія / за ред. М.В. Нижника, М.В. Ніколайчука. – Хмельницький: ХНУ, 2013. – 347 с.

Лайко А.В.
аспирант кафедры государственного и муниципального управления
ФГБОУ ВПО «Кубанский государственный университет»
e-mail: n119a@mail.ru

АРЕАЛЫ ТРУДОВЫХ РЕСУРСОВ КАК ОБЪЕКТ УПРАВЛЕНИЯ

Ареалы трудовых ресурсов – это пространственные социально-экономические образования, особый тип внутрирегиональных территорий, выделяемые на основе критерия размещения экономически активного населения. Такие характеристики, как относительная стабильность существования, собственный экономический потенциал, взаимовлияние с другими внутрирегиональными территориями позволяют исследовать их как относительно стабильные пространственные социально-экономические феномены.

Качественные характеристики и распределение в пространстве региона ареалов трудовых ресурсов оказывает непосредственное воздействие на протекающие в регионе экономические процессы, так как с одной стороны, ареалы трудовых ресурсов выступают в качестве точек размещения производительных сил (экономически активного населения), а с другой стороны мест размещения потребителей экономических благ (домохозяйств).

Ареалы трудовых ресурсов исследуются как в теориях размещения (с позиции размещения производительных сил), так и теориях региональной экономики.

Например, в теории «штандорта» А. Вебер относит характеристики ареалов трудовых ресурсов («рабочие пункты» по Веберу) к факторам размещения производства совместно с транспортными издержками (издержками на перемещение сырья и готовой продукции) и агломерационной экономией (экономией от размещения вблизи других производств). [1, 85] По А. Веберу, оптимальное место размещения производства (штандорт) будет перемещаться к ареалам трудовых ресурсов от мест размещения с минимальными транспортными издержками, если экономия на заработной плате будет выше, чем рост транспортных издержек. Таким образом, мы можем сделать вывод, что характеристики человеческого капитала (необходимые навыки, производительность труда, заработная плата и т.п.), сосредоточенного в ареалах трудовых ресурсов оказывает воздействие на структуру местной экономики. [1, 89]

Несколько по-иному рассматривает ареалы трудовых ресурсов Кубанская школа развития местных сообществ. В концепции кубанской школы (школа профессора Филиппова) ареалы трудовых ресурсов – это функциональные подсообщества, которые интегрированы в более крупные местные сообщества (сообщества людей, объединенных общими интересами проживания на одной территории), которые выделяются на основе критерия размещением экономически активного населения.[2, 51]

Границы ареалов трудовых ресурсов, как правило, привязаны к границам муниципальных образований, но могут не совпадать с ними. В ареалах трудовых ресурсов сосредоточено экономически активное население (стейкхолдеры), являющиеся, с одной стороны, потребителями муниципальных услуг и результатов экономического развития муниципального образования в целом, а с другой стороны, субъектами управления экономическим развитием.

С этой точки зрения ареалы трудовых ресурсов как объекты управления обладают рядом специфических характеристик:
- не являются территориальными административными единицами;
- границы не совпадают с границами региона/ муниципального образования и определяются в зависимости от целей исследования;
- не имеют специфических органов управления;
- являются объектом пересечения интересов субъектов регионального сообщества: региональной и муниципальной власти, бизнес структур (предприятий-резидентов), структур гражданского общества (прежде всего, профсоюзных объединений).

В рамках диссертационного исследования автором был проведен анализ состояния и существующей системы управления ареалами трудовых ресурсов в Краснодарском крае. Были выявлены основные субъекты управления:
- Министерство экономики Краснодарского края;
- Государственная служба занятости населения Краснодарского края (Департамента труда и занятости населения Краснодарского края);
- территориальные органы Службы занятости населения краснодарского края;
- органы местного самоуправления муниципальных образований Краснодарского края;
- профессиональные союзы на территории Краснодарского края.

Нами был сделан вывод о том, что в настоящее время мероприятия региональных органов власти сводятся к поддержанию занятости в проблемных муниципальных образованиях, что не способно оказать значительного влияния на развитие ареалов трудовых ресурсов. Органы местного самоуправления также рассматривают только вопросы повышения занятости и снижения местной безработицы, не рассматривая ареалы трудовых ресурсов как точки местного экономического развития[3]. Профсоюзные объединения решают узкий круг вопросов защиты интересов работников.

Между тем, повышение занятости и, следовательно, доходов населения, - одна из основных целей экономического развития муниципального образования. Занятость местного населения не только влияет на экономические показатели местной экономики, но и является способом удовлетворения таких потребностей местного сообщества, как физиологические (продукты и услуги, жилье, отдых и т.п.), самоуважение, чувство гордости за сообщество, самоактуализация [4, 22]. Это обуславливает необходимость рассматривать развитие ареалов трудовых ресурсов как важнейшее стратегическое направление социально-экономического развития муниципальных образований.

Опыт стратегического планирования в муниципальных образованиях Краснодарского края показал, что вопросы повышения занятости частично нашли отражение в принятых стратегиях социально-экономического развития.[5, 99] Однако они не были выделены в отдельные субстратегии.

По нашему мнению эффективность управления ареалами трудовых ресурсов должно обеспечить использование концепции совместного управления и стратегического подхода, базирующиеся на принципах: стратегичности управления, партисипативности, субсидиарности, равенства субъектов управления, приоритетности интересов местных сообществ.

Для обеспечения участия в управлении развитием ареалов трудовых ресурсов стейкхолдеров местных сообществ (представителей бизнеса и гражданского общества) автор предлагает создавать консультационные советы по развитию человеческого капитала, в которые помимо стейкхолдеров должны входить представители органов местного самоуправления. Основная цель деятельности таких советов - разработка субстратегий развития ареалов трудовых ресурсов и включение их (субстратегий) в стратегии развития муниципальных образований.

Литература

1. Филлипов Ю.В., Мясникова Т.А., Лобанова С.А., Арумова Е.С. Экономика города: учебное пособие. Краснодар: Кубанский гос. ун-т, 2013. -153с.

2. Филиппов Ю.В., Авдеева Т.Т. Основы развития местного хозяйства: учебное пособие – 2-е изд., перераб. и доп. М.: Логос, 2011. – 276с.

3. Официальный сайт Департамента труда и занятости населения Краснодарского края. [Электронный ресурс]. URL: http://www.kubzan.ru (дата обращения: 01.09.13).

4. Мясникова Т.А. Потребности местного сообщества как основа планирования экономического развития// Регион: системы, экономика, управление. – 2012. - № 4 (19). – С. 19-24.

5. Мясникова Т.А. Стратегическое планирование местного развития в Краснодарском крае: опыт городских округов// Регион. 2013. - № 2 (21). – С. 95-100

Исаева Е.С. [1], Исаева Т.Е. [2]

[1] студентка ФГБОУ ВПО «Ростовский государственный университет путей сообщения»; isaeva.elena@gmail.com

[2] д.п.н., профессор ФГБОУ ВПО «Ростовский государственный университет путей сообщения»; isaeva.te@yandex.ru

ФУНКЦИИ БРЕНДА В ПОВЫШЕНИИ ЭФФЕКТИВНОСТИ ДЕЯТЕЛЬНОСТИ ПРЕДПРИЯТИЯ

Повышение эффективности предпринимательской деятельности в условиях жесткой конкуренции на экономическом рынке может быть достигнуто путем использования комплекса мероприятий, причем не последнее место среди них занимает брендинговая политика рыночных субъектов. Если еще в конце XX в. доминирующим принципом в экономической конкуренции считалось снижение финансовых показателей, то сегодня всё больше внимания предпринимателей и научного сообщества уделяется поиску путей нематериального роста эффективности деятельности предприятия.

Несмотря на заметно усилившийся интерес исследователей к изучению брендов и брендинга компаний в последние годы в нашей стране сегодня на первый план выходит задача систематизации обширного опыта, создания теоретически обоснованных технологий разработки заведомо успешных брендов. При этом следует помнить, что восприятие брендов представителями разных национальностей различно, так как на этот процесс оказывают влияние национальные традиции, социальные стереотипы, история становления рыночных отношений. Поэтому, признавая достаточно высокую степень разработанности исследований по проблемам бренда в западной экономической литературе, мы считаем необходимым продолжить изучение этого вопроса, учитывая экономические реалии нашей страны и степень подготовленности россиян к внедрению отечественных брендов.

Прежде чем анализировать потенциальные возможности повышения эффективности деятельности предприятия за счет внедрения бренда, обратимся к анализу базовых экономических терминов, относящихся к предмету изучения.

Термин «бренд» произошел от древнескандинавского слова *brandr* (жечь, выжигать), что было связано с процессом нанесения клейма на скот и рабов. Уже в этом изначальном значении бренда четко вырисовывалась его сущность: клеймо ставилось только на высококачественные товары, которые благодаря его наличию стоили дороже.

В самом широком смысле слова *бренд* – это название, слово, выражение, знак, символ или дизайнерское решение, или их комбинация в целях обозначения товаров конкретного продавца или группы продавцов для отличия от их конкурентов [1]. Давая своё определение бренду, Л.А. Белоусова и Т.Н. Савина сконцентрировали внимание на его компонентах, представив его как сложное, системное явление: «Бренд – это деятельность по созданию долгосрочного предпочтения товара, основанная на совместном усиленном воздействии на потребителя товарного знака, упаковки, рекламных обращений, материалов и мероприятий рекламной деятельности, объединенных определенной идеей и характерным унифицированным оформлением, выделяющих товар среди конкурирующих товаров и создающих его образ» [2].

Исследователи отмечают, что указанные символы должны складываться в сознании потребителя в единый хорошо запоминающийся и легко дифференцируемый образ компании-производителя, поэтому при их выборе должны приниматься во внимание особенности свето-, звуко-, лингвистического восприятия, не противоречащие друг другу, а, наоборот, усиливающие эффект воздействия благодаря комплексному использованию [3, 7; 4, 5].

Современные компании хорошо понимают значение бренда в повышении эффективности деятельности, поэтому они закрепляют за ним дополнительные функции, отражающие сложные отношения между производителем и потребителем. Например, в специально разработанном документе «Идеология бренда ОАО «РЖД» отмечается: «Бренд – это не просто логотип и дизайн, это идея и мир, который за ней стоит. Бренд отражает стратегию развития компании, преображая ее в краткую запоминающуюся формулу». Бренд – это совокупность представлений о компании, уникальных и положительных ассоциаций, которые возникают при общении с компанией; набор оригинальных и узнаваемых визуальных, звуковых и прочих знаков, символизирующих эти представления для потребителей и иных целевых групп» [5].

В добавление к вышесказанному бренд является важнейшим нематериальным активом компании, обладает своей, отдельной от производимых товаров и услуг, стоимостью.

В некоторых отечественных исследованиях можно заметить, что понятия «бренд» и «товарный знак» используются как равнозначные. Однако эти понятия следует различать по следующим признакам:

1) понятие «бренд» является более емким по сравнению с понятием «товарный знак»:

– товарный знак согласно п. 1 ст. 1477 ч. 4 ГК РФ является только обозначением для индивидуализации товаров юридических лиц или индивидуальных предпринимателей;

– оформление исключительных прав на товарный знак не создает для субъекта предпринимательства существенных конкурентных преимуществ.

2) Товарный знак имеет дату регистрации, в то время как бренд может создаваться и модифицироваться на протяжении достаточно длительного периода времени.

3) Для создания бренда инвестируются значительные средства на протяжении всего периода его использования, тогда как регистрация товарного знака оценивается фиксированной небольшой суммой.

Брендинг – это часть маркетинговой деятельности, направленная на создание у целевой аудитории благоприятного потребительского впечатления, лояльного отношения к производителю и желания приобретать данные товары.

Изучив исследования экономистов [1; 3; 4], мы выделили следующие функции использования бренда, способные повысить эффективность предпринимательской деятельности:

– один из инструментов дифференцирования товара на экономическом рынке;

– способ придания дополнительных функциональных и эмоциональных преимуществ производимой продукции;

– механизм оказания содействия потребителю в осуществлении рационального выбора;

– инструмент, позволяющий потребителю сосредоточить внимание на товаре, благодаря эмоциональным ассоциациям;

– способ повышения скорости реализации товара;

– альтернатива ценовой конкуренции;

– компонент наращивания нематериальных активов предприятия;

– товар, который может быть продан отдельно и принести значительную выгоду.

Литература

1. Котлер, Ф. Маркетинг Менеджмент /Ф. Котлер. – СПб.: Питер Ком, 2009. – 896 с.

2. Белоусова, Л.А. Бренд-менеджмент: Конспекты лекций / Белоусова Л.А., Савина Т.Н. – Екатеринбург: ГОУ ВПО УГТУ-УПИ, 2008. – 82 с.

3. Чернышева, Е.К. Методы формирования бренд-системы образовательного учреждения / Е.К. Чернышева. – Автореф. дис. ... канд. экон. наук: 08.00.05: СПб., 2011. – 19 с.

4. Меркулов, С.А. Теоретические основы формирования системы управления брендом / С.А. Меркулов. – Автореф. дис. ... канд. экон. наук: 08.00.01: М., 2011 // http://www.pandia.ru/text/77/204/79374.php

5. Идеология бренда ОАО «РЖД» http://cinet.rzd.ru/static/public/ru?STRUCTURE_ID=5142

Chulanova O.L.
associate professor of human resource management GBOU VPO "Surgut State University, HMAO-Yugra"
cho19207@mail.ru

THE CONCEPT OF AUDIT PERSONNEL COMPETENCES AS INNOVATIVE IMPERATIVE OF MODERN BUSINESS

The increase of efficiency of the human resources use in the organizations is often perceived only as a necessity of development, improvement of labour productivity indexes, decline of wages capacity, reduction of industrial injuries and diseases etc. Nevertheless, taking a worker for an object of investing, not for expenses, doesn't mean the absolute necessity of investing.

The efficiency exists only when there is a certain starting point, base and criteria for comparison and estimation, installed system (hierarchy) of goals' development, installed limitations of internal and external to the system environment that specify a certain range of system development, results of functioning and alternatives. Therefore, investigating the development of qualitative and quantitative descriptions of labour potential, it is necessary to consider labour potential of a worker within a certain organizational system not in isolation.

Disparity of collective labour potential to the technical level of production organization is presented as a serious problem, so it is very important to estimate the quality side of labour potential correctly.

It was noted above that the estimation of human resources development in a certain organization can be carried out only taking into account the specificity of the enterprise, chosen strategy of activity.

So, there is a necessity to maintain audit of the personnel competences in organization.

The construction of the workers competences model of different levels starts after the determination of organization's strategic objectives and key knowledge, abilities, workers' behaviour effecting the achievement of these goals.

Thus, the necessity to find a method of personnel competences concordance with a strategy of organization development and competences.

For such purpose we offer the concept of audit personnel competences in organization. It involves a complex all-round research of personnel in organization, including the analysis and estimation of skilled potential, maintenances of personnel functions and efficiency of control system, development of recommendations for its perfection. Logically enough, that the aim of audit is not only and not so much estimation of strong and weak points of personnel, but also a suggestion for the perfection of competences management system and on this basis - an increase of personnel potential efficiency in organization.

Methodologically the audit maintenance of the competences can be presented as a sequence of the next stages :
1. ***diagnostics*** (determination of goals functions in a system of personnel management, methods of their achievement and defects identification in the process of future realization);
2. ***monitoring*** (data collection about the phenomena or processes related to a personnel management, identification of the most essential tendencies and sharp problems, also data, characterizing a level and dynamics of personnel competences indexes);
3. ***analysis*** (a research of the most substantial descriptions and requirements to the management system and to the level of personnel competences in organization);
4. ***estimation*** (a level of competences determination by means of comparison and actual values of indexes with recommended parameters, criteria and standards, also with certain goals and tasks of organization);
5. ***examination of documentation*** (examination of documentation, regulating the procedure of personnel management (positions, instructions, regulations, rules etc.);
6. ***development of recommendations*** (written statement of suggestions to perfect the management competences of personnel taking into account general objectives and immediate tasks of organization).

On doing the research, over a few years, we were conducting the analysis of competence approach application in personnel management of oil and gas, power generation corporations (LLC "Gazprom Transgaz Surgut", OJSC "Surgutneftegaz", JSC "FGC UES MES West-Siberia" etc). The results confirmed the critical importance of basic principles (unified) audit competences, namely*:*

- *the principle of complexity* (it is necessary to take into account the great number of factors affecting competences and personnel skills);
- *the principle of efficiency* (it is necessary to accept decisions on personnel management perfection in time*);*
- *the principle of feed-back* (a feed-back will allow to remove deviations from the set standarts and regulations);
- *the principle of adaptability* (the audit methodology and technologies must be coordinated with the changes in the goals of organization).

It is suggested to conduct the audit of personnel competences within organization on the following key levels: skilled, strategic, administrative, financial, economic and legal.

It is obvious that the results of such audit can be used in order to define competences that will be required in the future. In assessing the competence and effectiveness of working process the level of professional skills is the main. Undoubtedly, this criterion is initial in the conception of audit personnel competences within organization. It is necessary to coordinate management personnel conceptions strategies with the strategy of personnel competences development within organization upon the whole.

The next condition of successful activity within organization is a permanent methods and technologies perfection in personnel competences development. Efficiency and success in organization's activity, depend on the ability to create such management system, that could be quickly adapted to the changing terms and to the market range. In the conditions of globalization, where the interaction of science, engineering, technologies and industrial production becomes a norm it is necessary "to bet" on the "passing ahead" education that allows not to fall behind and react on innovative imperatives[1-4].

Another absolute advantage of competences audit within organization is the improvement of charges on personnel management within organization. According to the results of such audit by means of external or internal consultants it is possible to choose the most effective technologies and trajectories of competences development of the workers, allowing not only to cut down expenses but also improve a personnel system of management. The audit and consulting competences according to the results of audit will allow also to promote the level of scientific ground in order to accept skilled decisions.

Bibliography

1. Chulanova O.L., Kvindt O.V. , Chulanov D.V. KEY (NUCLEAR) PERSONNEL MANAGEMENT COMPETENCE IN THE STRATEGIC MANAGEMENT WITHIN CORPORATIONS. / / European International Conference on European Science and Technology [Text]: materials of the III international research and practice conference, Vol. 1 , Munich, Oktober 30-31, 2012 / publishing office Vela Verlad Waldkraiburg-Munich-Germani 2012 , C. 383-388
2. O. Chulanova CORPORATE DEVELOPMENT AND PERSONNEL MANAGEMENT TRAINING ON THE BASIS OF COMPETENCE-BASED APPROACH / / Scientific enquiry in the contemporary world: theoretical basis and innovative approach, Vol. 6 , L & L Publishing, USA, 2012 , P.126 -132
3. Chulanova O.L. Formation of the continuing professional education system in innovative organization on the competency-based approach. / Problems of Economics. Organizations and management in Russia and the World: Proceedings of the International Scientific Conference (December 28, 2012 .) - Ed. Editor Naumov AV - Prague , Czech Republic: Publishing House of the WORD PRESS s ro, 2013 , pp. 530-537
4. Chulanova O.L. The development of competence-based approach in personnel management: the main approaches//Personnel Management and intellectual resources in Russia , 2013 , № 2 (5) , p.23 -29

Aronov D.V.
Professor, doctor of historical Sciences,
Head of the Department of theory and history of state and law,
of Law School of
State-University-Education-Science-Production Complex,
Russia, Orel
Gukov A.E.
The fifth-year student of Law School of
State-University-Education-Science-Production Complex
Russia, Orel
Ekaterina12@mail.ru

RESPONSIBILITY FOR DENYING THE HOLOCAUST – A COMPARATIVE ANALYSIS OF THE EXPERIENCE

Denial of the Holocaust (Holocaust revisionism) is a set of allegations according to them the Holocaust did not exist in the form in which it is described by the conventional historiography. Basing on the theory of conspiracy Holocaust deniers introduce the thesis of massive forgeries, scale frauds and concealment of facts intended to form the world opinion in favor of the Jewish people, for specific preventions both as tangible as intangible.

In general the following facts are disputed:
- The mass death of the Jews was the result of a deliberate policy of the Third Reich authorities;
- For the mass murder of the Jews have been created and used gas chambers and death camps;
- The number of victims among the Jewish population in the territories under the control of the National Socialists and their allies, is 6 million.

Most professional historians consider the denial of the Holocaust as an unscientific and activity. They note that the deniers ignore scientific research methods, and often profess anti-Semitic and neo-Nazi views.

Carrying out the comparative analysis it is worth to emphasize a study of existing national legislation, and it would also have some scientific value to compare responsibility for the denial of the Holocaust, with responsibility for different types of crimes that are similar on the subject on which you are attempting.

The obtained results are intended to form the basis of a model unit, recommended as a model for states setting down to a course of acceptance of recognizing the need for a legal liability for the denial of the Holocaust.

The Holocaust denial is punishable in some countries. For example, in Austria, Germany, Israel and France provided the prosecution, indicated in the relevant legislative documents (for example, the Criminal Code of Federal Republic Germany). In criminal practice of FRG there are several persons who have received real terms - Germar Rudolf (2.5 years in prison), Sylvia Stolz (3.5 years' imprisonment), Horst Mahler (5 years imprisonment). In France, for example, Roger and Jean Plantin Gavrodi despite the short terms of imprisonment (6 months), were fined in the form of 240 thousand and 150 thousand francs, respectively. Austrian author Gerd Honzik was sentenced to five years in prison for denying the Holocaust and Nazi propaganda.

Thus, common to all the countries under consideration is the form of enforcement by means of criminal prosecution. The difference can be identified in terms of consolidation in Austria, Germany and France prohibitions are contained only in a particular part of the legislative act by means of fastening in part, paragraph or section, and in Israel the legal act completely devoted to ban the Holocaust denial (Law 1986 № 1187).

The penalty ranges from a few months to ten years imprisonment in FRG and France ans also the fine is used. In practice, the terms of 3 months to 6.5 years in prison and fines of 10,000 euros and above are appointed.

The results of the simple statistical analysis on a partial selection confirm the need to achieve a higher degree of uniformity by developing standard recommendations for national legislation.

The more radical and effective step would be to develop a binding international treaty. However, the assessment of the international modern situation shows a very low probability of support of the treaty. It is connected, in particular, with the events in the Middle East, the so-called "Arab Spring", a revival of fundamentalist sentiments, and as a consequence of its influence on the policies of a number of Middle Eastern states, for which a backbone factor of the political system is the position in regard to the state of Israel. However, from a scientific point of view, the agreement draft text development would be very promising and useful.

Сопилко И.Н.
кандидат юридических наук, доцент, директор Юридического института, Национальный авиационный университет, г. Киев, Украина
Лиховая С.Я.
доктор юридических наук, профессор, заведующая кафедрой уголовного права и процесса, Юридический институт, Национальный авиационный университет, г. Киев, Украина

СОВРЕМЕННАЯ ПРАВОВАЯ НАУКА УКРАИНЫ ОБ ИНФОРМАЦИОННОМ ОБЩЕСТВЕ

Современная правовая наука Украины содержит концептуальное определение информационного общества, под которым следует понимать гражданское общество с развитым информационным производством и высоким уровнем информационно-правовой культуры, в котором эффективность деятельности людей обеспечивается разными услугами, основанными на интеллектуальных информационных технологиях связи [1, 13].

Научный анализ определений, которые даются различными отраслями права, их правопонимание, а также определение содержания признаков информационного общества, предоставляет объективную возможность для исследования современного состояния безопасности информационного пространства, правовой политики (уголовной, гражданской, административной) в процессе развития информационного общества, потребности усовершенствования общественных отношений в информационном обществе.

Феномен информационного общества, основные характеристики и концепции изучаются многими отраслями науки: философией, политологией, экономикой, социологией, социальной психологией и новейшей историей.

С позиции социально-философского анализа информационное общество определяется как качественно новый этап социотехнической эволюции общества, которое формируется в результате долгосрочных тенденций предшествующего социально-экономического развития, которое предусматривает увеличение роли информации и знаний, а также формирование и потребление информационных ресурсов во всех сферах жизнедеятельности общества при помощи развития информационно-инновационных технологий, которые действуют в глобальных масштабах [2, 5].

Превращение общественных отношений и переориентация их на новые направления как геоэкономические превращения, изменение приоритетов развития, возникновение новых ресурсов и источников их использования, а также политические изменения, которые были обусловлены изменениями в социально-экономической сфере, дали толчок процессам глобализации, как утверждению на международном уровне идеи «всеобщности», прежде всего в экономике.

Очевидно, что со временем общество воспримет идею создания единого правового поля глобального общества, которое сможет вобрать в себя наиболее удачный опыт правового регулирования, созданный отдельными нациями. Глобальное правовое поле сможет охватить и кодифицированные системы, и прецедентные системы, унифицировать и эргономизировать их, обусловив действие самых эффективных в глобальном мире правовых стандартов и принципов.

Феномен информационного общества, в первую очередь, принадлежит к предмету изучения социологической науки, и поэтому не в компетенции правовой науки отдельно давать дефиницию информационного общества. Но в тоже время, состояние правового обеспечения этой стадии развития общества и главные факторы, которые влияют на её правовое обеспечение или принимают участие в нём, требуют от современных учёных-правоведов понимание её сути, структуры, основных признаков, а также иных компонентов, характерных для общественных отношений, которые являются предметом правового обеспечения [3, 22].

Поскольку развитие информационного общества является объектом правового обеспечения, то меры правового обеспечения должны сопровождать его, что невозможно без одинаковой направленности оснований развития информационного общества и направлений правового обеспечения. Таким образом, на первый план правового обеспечения должны выходить именно такие основания развития информационного общества, которые признаются как позитивные и направление правового обеспечения, соответствующего им.

Ещё в 2004 году украинские учёные определили основные последствия развития информационного общества в Украине: преодоление информационного кризиса; формой социального развития станет информационно-объёмная всесторонняя интенсификация; будут созданы условия, которые обеспечивают приоритет информации сравнительно с иными видами ресурсов и факторов развития, а информационной деятельностью будет заниматься большинство населения; будет создана инфосфера в глобальных космических масштабах, автоматизированные информационные технологии, которые будут основываться на компьютерных системах с широким использованием искусственного интеллекта; будет реализовано глобальное единство цивилизации на информационной основе возможностей принятия согласованных решений и достижения информационного консенсуса; на рационально-демократических основах информация охватит все сферы социальной деятельности; информационное общество максимально реализует гуманистические принципы, идеалы, обеспечит выживание цивилизации, её дальнейший безопасный во всех отношениях прогресс [4, 133].

Сегодня в Украине создан и опубликован проект «Концепции уголовно-правового обеспечения развития информационного общества в Украине», целью которой является создание надлежащих условий для достижения средствами уголовного права и их реализации необходимого для развития информационного общества в Украине уровня безопасности основных ресурсов и ценностей информационного общества от противоправных общественно опасных посягательств [3, 302-307].

С развитием информационных технологий определение целесообразности и необходимости правового регулирования тех или иных общественных отношений становится все более проблематичным. Это обуславливает актуальность научных исследований состава и объёма полномочий участников информационных отношений, особенно, что касается классификации информации как объекта этих отношений. Так, объектом этих отношений являются материальные и нематериальные блага – документы, иные носители информации, а также, собственно, и сама информация. Именно благодаря объекту информационных отношений эти блага включаются с систему общественных отношений с их материальными и духовными ценностями [5, 161].

Исследования современной науки об информационном обществе позволяет сделать вывод о том, что, во-первых, эти исследования являются сегодня наиболее востребованными, что определяется потребностями самого общества; во-вторых, эти исследования носят комплексный характер – от дефиниций информационного общества до разработки его правового обеспечения от незаконных посягательств; и, наконец, в Украине сложилась собственная школа, в которую входят учёные, занимающиеся исследованиями в разных отраслях права, объединившие свои исследования вокруг единого предмета – информационного общества и перспектив его развития.

Литература

1. Арістова І.В. Державна інформаційна політика та її реалізація в діяльності органів внутрішніх справ України: організаційно-правові засади: автореф. дис. ... д-ра юрид. наук: 12.00.07 – Харків, 2002. – 39 с.
2. Данїл'ян О.В. Інформаційне суспільство та перспективи його розвитку в Україні (соціально-філософський аналіз): автореф. дис. ... канд. філософських наук: 09.00.03 – Харків, 2006. – 19 с.
3. Савинова Н.А. Кримінально-правове забезпечення розвитку інформаційного суспільства в Україні: теоретичні та практичні аспекти: Монографія. – К.: ТОВ «ДКС», 2011. – 342 с.

4. Науково-освітній потенціал нації: погляд у XXI століття: авт. кол.: В. Литвин (кер), В. Андрущенко, А. Гурджій та ін. – К., 2004. – Кн. 1: Пріоритет інтелекту. – 2004. – 638 с.

5. Сопілко І.М. До питання класифікації інформації// Становлення держави і права в умовах глобалізації: теоретичний та практичний аспекти: матеріали ІІ Міжнародної наукової конференції. – К.: Національний авіаційний університет, 24 лютого 2012. – 161-163 с.

Гурьев А.В.
аспирант очной формы обучения Волгоградского филиала
Российской Академии народного хозяйства и государственной
службы при Президенте РФ
кафедра гражданско-правовых дисциплин
e-mail: tolya_gurev@mail.ru

ПРАВОВОЕ РЕГУЛИРОВАНИЕ НЕСОСТОЯТЕЛЬНОСТИ (БАНКРОТСТВА) ТУРИСТСКИХ ОРГАНИЗАЦИЙ В ЗАКОНОДАТЕЛЬСТВЕ ВЕЛИКОБРИТАНИИ

Из-за произошедших в последние годы банкротств российских туристских организаций, таких как «Асент Трэвел», «Эль Вояж», «Синяя птица» и др., тысячи туристов лишаются уже оплаченного отдыха. Поэтому возникает вопрос теоретического изучения и анализа правового регулирования института банкротства в развитых европейских странах с целью формулирования поправок в действующее российское законодательств, которые позволят создать превентивные меры для избежание банкротства российских туристских организаций.

Данная статья посвящена анализу законодательства о несостоятельности (банкротстве) в Великобритании.

Британское законодательство (в частности о банкротстве) оказало значительное влияние на страны с англо-саксонской системой права (США, Канада, Австралия).

Первый закон о несостоятельности был принят в 1543 году и до 19 века практически не изменялся. Характерной чертой данного закона являлось наличие уголовных санкций в качестве последствий несостоятельности.

19 век является временем бурного развития английского законодательства. Не стало исключением и законодательство о банкротстве. В частности, в 1825 г. было принято два закона о несостоятельности и на протяжении всего 19 века принимались законы о конкурсном производстве [1].

В 20 веке Великобритания реформировала свое законодательство о банкротстве и компаниях.

В настоящее время основными законодательными актами в области несостоятельности организаций в Великобритании являются: Закон 1986 г. о несостоятельности; Закон 1985 г. о компаниях с последующими изменениями и дополнениями; Правила о несостоятельности 1986 г.; Закон 2000 г. о несостоятельности; Закон 1986 г. о дисквалификации директоров компании. Перечисленное законодательство страдает отсутствием структуры изложения, что создает трудности для его системного восприятия.

В соответствии с указанными законами субъектами несостоятельности могут быть: компании, зарегистрированные на основании законов о компаниях 1980-1985 г.г.; незарегистрированные компании, которые осуществляют предпринимательскую деятельность на территории Великобритании (сберегательный банк, действующий на условиях доверительной собственности, товарищество независимо от характера ответственности, ассоциация или иностранная компания) [1]. Необходимо обратить внимание на то, что положения о банкротстве не применяются:
1. к страховым организациям, созданным в соответствии с Законом 1982 г. о страховых компаниях;
2. к банкам и иным банковским учреждениям, которые созданы и осуществляют свою деятельность на основании Закона 1979 г. о банках.

Перечисленные организации имеют особый правовой статус.

Как видно из сказанного выше туристские организации не входят в перечень исключений, следовательно, к ним применяется общий режим несостоятельности.

Рассмотрим этот режим подробнее.

Организация считается несостоятельной, если у нее нет достаточно количества активов для погашения всех долгов или она не в состоянии исполнять свои денежные обязательства по мере наступления их исполнения.

Существует несколько видов процедур, которые применяются в отношении несостоятельных организаций. Некоторые процедуры применяются для предотвращения банкротства (в частности управления конкурсной массой), другие - для осуществления ликвидации организации.

Обращаем внимание на то, что все лица, назначенные судом для осуществления банкротства организации (администраторы, конкурсные управляющие имуществом, ликвидаторы, управляющие в рамках процедуры надзора) должны быть утверждены в качестве практикующих специалистов по несостоятельности [2].

Инициировать дело о несостоятельности может сама компания, а также директоры и кредиторы. Законом установлено основание для обязанности директора подать заявление о возбуждении дела о несостоятельности: в случае, если станет известно, что у компании нет финансовых средств для удовлетворения требований кредиторов. Такая же обязанность существует у исполнительных органов юридических лиц и в российском законодательстве. В случае неисполнения указанной обязанности директор может быть дисквалифицирован. Также директор может быть дисквалифицирован в случае отрицательного доклада о деятельности компании, который составляется администратором, конкурсным управляющим имуществом, ликвидатором либо официальным управляющим конкурсной массой. Указанный доклад направляется Министру торговли и промышленности.

Закон о несостоятельности 1986 г. предусматривает добровольное соглашение компании с кредиторами – предложение о достижении компромиссного соглашения об исполнении компанией своих обязательств, либо о порядке организации дел должника. Оно может быть предложено ликвидатором, администратором либо директорами. Такое соглашение утверждается судом. После этого данное соглашение подлежит одобрению общим собранием кредиторов.

Администратор осуществляет свои полномочия на основании судебного приказа о назначении. Также суд устанавливает срок действия полномочий регистратора. Данный приказ подлежит публикации в специальном печатном органе (The Gazette). Основными целями администратора являются: сохранение организации; способствование в достижении добровольного соглашения, получение наиболее выгодной цены, чем при ликвидации, за имущество организации. Тем самым администратор становится руководителем компании. О всех своих действиях администратор обязан информировать Регистрационную палату.

Важной особенностью по сравнению с российским законодательством является то, что кредиторы (не все, а владельцы определенного обеспечения) могут назначить временного управляющего с целью спасти компанию или, если это сделать невозможно, продать активы компании по более высокой цене.

Теперь рассмотрим процедуру ликвидации в случае, если компания не смогла восстановить свое финансовое положение.

Как и в российском законодательстве, в Великобритании компании могут быть ликвидированы как в добровольном, так и в принудительном порядке. Особенность состоит в том, что решение о добровольной ликвидации компании может приниматься кредиторами, но только в том случае, если директора не подали декларацию о несостоятельности [3]. Декларацию о несостоятельности можно определить, как гарантию исполнить денежные обязательства в течение 12 месяцев. Добровольной ликвидацией занимается ликвидатор. Информация о начале процедуры добровольной ликвидации компании подлежит опубликованию в течение 14 дней после принятия соответствующего решения.

Основанием для принудительной ликвидации является решение суда. Принудительная ликвидация осуществляется либо официальным конкурсным управляющим, либо уполномоченным специалистом по несостоятельности. Информация о принудительной ликвидации также публикуется.

За последнее время считанные единицы крупных туроператоров Великобритании прошли процедуру банкротства (например, банкротство

XL Leisure Group в 2011 году), что показывает эффективность британского законодательства в сфере предупреждения банкротства.

СПИСОК ЛИТЕРАТУРЫ

1. http://www.bankrot.by./oa/670 (дата обращения 02.11.2013)
2. http://www.economy-esr.ru/Economic/VED/Inform_po_stranam/British/ (дата обращения 02.11.2013)
3. Скрипичников Д.В. Некоторые вопросы законодательства о несостоятельности (банкротстве) Великобритании [Текст] /Д.В. Скрипичников //Проблемы современной экономики. – 2010. - №2

Нигматуллина Э.Ф.

кандидат юридических наук, доцент кафедры экологического, трудового права и гражданского процесса Казанского (Приволжского) федерального университета г.Казань. E-mail: elm71@mail.ru

ЭМЕРДЖЕНТНОСТЬ В ЗЕМЕЛЬНОМ ПРАВЕ РОССИИ

Эмерджентность (от англ emergent - возникающий, неожиданно появляющийся) в теории систем - наличие у какой-либо системы особых свойств, не присущих ее подсистемам и блокам, а также сумме элементов, не связанных особыми системообразующими связями; несводимость свойств системы к сумме свойств ее компонентов; синоним - «системный эффект»[1].

Размышляя об эмерджентности в земельном праве необходимо, прежде всего, рассмотреть систему факторов правообразовательного процесса. При этом для понимания специфики эмерджентных свойств изучаемой области, требуется междисциплинарный синтез на основе общенаучных знаний.

Методологическую роль в формирование теории права играет лежащая в ее основе некая абстрактная модель существенных свойств, связей объектов и представленных в виде гипотетических допущений и идеализации. Логика теории права, как и используемые ее методы, определяются природой ее предмета.

Между тем, инструментальный аспект освоения права необходимо отличать от инструментальной ценности права, выступающей в качестве орудия обеспечения работы иных социальных институтов, прежде всего государственной власти[2, 21]. И лишь с привлечением всех инструментов гуманитарных наук, но в аспекте инструментального подхода к правовой действительности, теория права способна направить основные закономерности действия и использования юридических механизмов на отдельных участках правового воздействия на решение социально-экономических задач.

Правовая жизнь, обеспечивает диалог естественного права и права, как элемента ноосферы, которые взаимопроникая друг в друга, и представляют собой условия существования социальной жизни на основе права.

Система факторов правообразовательного процесса (экономические условия, деятельность государства, судебная практика и др) не является завершенной. С ее помощью, прежде всего, демонстрируется, что спонтанное образование права и правотворчество - это сложные, определяемые многочисленными факторами объективный и интеллектуальные процессы традиционного и актуального конструирования необходимого обществу права, знание исходных предпосылок которого - залог эффективности[3, 26].

Обращение к сложносоставным предметам исследования земельного права требует познания ситуативных потребностей вновь возникающих явлений.

Согласно Постановлению Конституционного Суда РФ от 28 мая 2010 г. N 12-П[4] любая дифференциация правового регулирования, приводящая к различиям в правах и обязанностях субъектов права, должна осуществляться законодателем с соблюдением требований Конституции Российской Федерации, в том числе вытекающих из принципа равенства (статьи 19, часть 1), в силу которого различия допустимы, если они объективно оправданны, обоснованны и преследуют конституционно значимые цели.

Это означает, делает суд вывод, что впредь обращение любого собственника помещений (как жилых, так и нежилых) в многоквартирном доме, в том числе не уполномоченного на то общим собранием собственников помещений в этом доме, в органы государственной власти или органы местного самоуправления с заявлением о формировании земельного участка, на котором расположен данный многоквартирный дом, должно рассматриваться как основание для формирования земельного участка и проведения его государственного кадастрового учета.

Тем самым, принцип равенства играет роль определяющего компонента, смыслового вектора для выравнивания правовых режимов земельных участков занимаемых многоквартирными жилыми домами, исходя из целей правового регулирования, развития и совершенствования порядка возникновения прав граждан, на земельные участки занимаемых многоквартирными жилыми домами.

По нашему мнению, предлагаемая судом конструкция формирования земельного участка занимаемого многоквартирным домом не учитывает юридическое понятие неделимой вещи, которое в силу ст.244 ГК РФ понимается как определение доли не в вещи, а в праве на нее, а конкретная часть предоставляется сособственнику в пользование.

Между тем, в Определение Конституционного Суда РФ от 21 февраля 2008 г. N 119-О-О [5] указано, что законодательно установленный порядок приобретения прав на неделимые земельные участки с расположенными на них зданиями, строениями, сооружениями объективно обусловлен спецификой объекта и природой права общей собственности, а также характером связанных с ней отношений. Он направлен на защиту прав и интересов всех участников общей собственности и, таким образом, по смыслу статьи 55 (часть 3) Конституции Российской Федерации, не может рассматриваться как ограничивающий права и свободы человека и гражданина.

Тем самым, Конституционный суд РФ, понимание природы общей собственности, трансформирует жизненной необходимостью.

Мы полагаем, что для описания многообразных явлений общественной жизни, подчиняющихся общим объективным закономерностям развития общества допустима и оправданна междисциплинарность т.е теоретическое осмысление, осуществляемое за рамками конкретной научной дисциплины.

Именно человеческие потребности и интересы (материальные и духовные) являются той независимой переменной, той активной первопричиной, которая, в конечном счете, движет развитием производительных сил общества, не наоборот. Мотивом служит не интерес, а стремление осуществить его. В свою очередь данное стремление (т.е мотив) не совпадает с осознанным интересом.

Общее и единичное соединяются в интересах людей как единство противоположностей, имманентно содержащее в себе противоречие, которое как известно, и служит источником развития любой системы.

Нередко в самом законе четко не определен механизм его использования, отсутствует «набор» специальных юридических средств, обеспечивающих реальную применимость права.

От набора регулятивных и охранительных правовых средств во многом зависит специфика отрасли и ее институтов. Особую нагрузку несут правовые средства в механизме ее реализации, от правильного выбора которых зависит, в конечном счете, достижение целей правового регулирования, а значит эффективность права в целом.

По нашему мнению, при помощи специальных правовых средств необходимо обеспечить равенство субъектов отношений. При этом права и обязанности отношений необходимо не только обозначить и конкретизировать, но и надежно гарантировать. Современное земельное законодательство не в полной мере воспринимает различные типы, способы правового регулирования, что в значительной степени снижает регулятивные потенции права, правовую защищенность.

Литература

1. Ru.wikipedia.org .
2. Об инструментальной ценности права см.: Черданцев А.Ф. Социальная ценность социалистического права// Сов. Государство и право, 1978, № 7. С. 21-28.
3. Трофимов В.В. Правообразование в современном обществе: теоретико-методологический аспект: автореферат дис....доктора юридических наук. С.26.
4. Постановление Конституционного Суда РФ от 28 мая 2010 г. N 12-П «По делу о проверке конституционности частей 2, 3 и 5 статьи 16

Федерального закона «О введении в действие Жилищного кодекса Российской Федерации», частей 1 и 2 статьи 36 Жилищного кодекса Российской Федерации, пункта 3 статьи 3 и пункта 5 статьи 36 Земельного кодекса Российской Федерации в связи с жалобами граждан Е.Ю. Дугенец, В.П. Минина и Е.А. Плеханова»// СПС «Гарант».
5. Определение Конституционного Суда РФ от 21 февраля 2008 г. N 119-О-О «Об отказе в принятии к рассмотрению жалобы гражданина Слободенюка Владимира Борисовича на нарушение его конституционных прав пунктом 2 статьи 6 и пунктами 3 и 5 статьи 36 Земельного кодекса Российской Федерации»// СПС «Гарант».

www.ingramcontent.com/pod-product-compliance
Lightning Source LLC
Chambersburg PA
CBHW051640170526
45167CB00001B/268